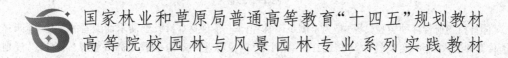

国家林业和草原局普通高等教育"十四五"规划教材

高等院校园林与风景园林专业系列实践教材

园林植物遗传育种实验教程

史倩倩　主编

中国林业出版社

China Forestry Publishing House

内容简介

《园林植物遗传育种实验教程》是为了满足园林和园艺等专业本科教学需求而编写的，是与《园林植物遗传育种学》配套的实验教材，于 2021 年被列为"国家林业和草原局普通高等教育'十四五'规划教材"。园林植物遗传育种实验对于充分理解园林植物遗传育种的基本原理、巩固基本知识和掌握基本操作技能至关重要，有利于培养学生创新精神和科研能力。

本教材包括遗传学和育种学相关实验，共涉及 30 个基础性、验证性实验和新技术实验。内容和结构安排是根据各高校的实际授课情况，参考其他育种学实验指导及国内外文献资料，并结合编写人员多年的教学和科研经验编写而成，是集体智慧的结晶。

本教材实验项目涉及面广，适用于高等农林院校园林与园艺专业本科生，也可供其他高等院校有关专业师生及育种工作者学习和参考。

图书在版编目（CIP）数据

园林植物遗传育种实验教程／史倩倩主编. — 北京：中国林业出版社，2022.6（2023.7 重印）
国家林业和草原局普通高等教育"十四五"规划教材　高等院校园林与风景园林专业系列实践教材
ISBN 978-7-5219-1605-8

Ⅰ.①园…　Ⅱ.①史…　Ⅲ.①园林植物–遗传育种–高等学校–教材　Ⅳ.①S680.32

中国版本图书馆 CIP 数据核字（2022）第 045675 号

策划、责任编辑：康红梅　　　责任校对：苏　梅
电话：83143551　83143634　　传真：83143516

出版发行　中国林业出版社（100009　北京西城区刘海胡同 7 号）
　　　　　E-mail：jiaocaipublic@163.com
　　　　　http://www.forestry.gov.cn/lycb.html

印　　刷	北京中科印刷有限公司
版　　次	2022 年 6 月第 1 版
印　　次	2023 年 7 月第 2 次印刷
开　　本	787mm×1092mm
印　　张	6.5
字　　数	163 千字
定　　价	45.00 元

《园林植物遗传育种实验教程》
编写人员

主　　编　史倩倩

副 主 编　赵　冰　朱向涛　周　琳

编写人员　(按姓氏拼音排序)

艾　叶(福建农林大学)

陈　霞(浙江农林大学暨阳学院)

顾钊宇(中国农业大学)

李　龙(南京林业大学)

李　涛(山西农业大学)

罗建让(西北农林科技大学)

彭少兵(西北农林科技大学)

史倩倩(西北农林科技大学)

岳远征(南京林业大学)

赵　冰(西北农林科技大学)

赵大球(扬州大学)

赵小杰(河北农业大学)

周　琳(中国林业科学研究院林业研究所)

周晓锋(中国农业大学)

朱向涛(浙江农林大学暨阳学院)

前　言

园林植物在园林生产和人类生活中有着极重要的作用。一方面，园林植物具有很好的生态效益和一定的经济效益，能够改善人类居住的生态环境，获取经济收益；另一方面，园林植物具有较好的观赏价值，可提高人们的修养、陶冶情操，丰富人们的精神生活，在精神文明建设中不可或缺。党的二十大报告指出，既要创造更多物质财富和精神财富以满足人民日益增长的美好生活需要，也要提供更多优质生态产品以满足人民日益增长的优美生态环境需要。因此不断培育和丰富园林植物品种对于美丽中国建设至关重要。

园林植物遗传育种是园林、观赏园艺专业本科生的一门重要的专业基础课，是以遗传学基本理论为指导，学习如何利用传统技术和现代生物技术培育园林植物新品种的理论和方法，为园林事业培育优良植物材料。该课程理论与实践并重，尤其育种手段作为一项基本技能，是一个科技工作者和园林技术人员必须掌握的。长期以来，市场缺乏园林植物遗传育种实验指导教材，为了更好地掌握和应用遗传育种方法，特组织编写本教材。

《园林植物遗传育种实验教程》是为了满足园林和园艺等专业本科教学需求而编写的，是与《园林植物遗传育种学》配套的实验教材，对于充分理解园林植物遗传育种的基本原理、巩固基本知识和掌握基本操作技能至关重要，能够培养学生创新精神和科研能力。全书包括遗传学和育种学相关实验，共涉及30个基础性、验证性实验和新技术实验。内容和结构安排是根据各高校的实际授课情况，参考园林植物遗传育种相关教材、其他育种学实验指导以及国内外文献资料，并结合编写人员多年的教学和科研经验编写的，是集体智慧的结晶。

本教材由史倩倩担任主编，赵冰、朱向涛、周琳担任副主编，编写团队由西北农林科技大学、中国农业大学、福建农林大学、扬州大学、山西农业大学、南京林业大学、河北农业大学、中国林业科学研究院、浙江农林大学暨阳学院的专任教师组成。具体编写分工如下：史倩倩负责全书的构架和统稿，并负责编写前言、实验1~实验3；赵冰负责实验5和实验6；朱向涛负责实验4和实验19；李涛负责实验7和实验13；周琳负责实验8和实验9；彭少兵负责实验10和实验11；罗建让负责实验12和实验17；赵小杰负责实验14和实验15；赵大球负责实验16和实验25；李龙负责实验18和实验28；陈霞负责实验20和实验24；周晓锋负责实验21和实验22；岳远征负责实验23；顾钊宇负责实验26和实验27；艾叶负责实验29和实验30。

本教材实验项目涉及广泛、实验步骤详细、层次清晰，适用于高等农林院校园林与园艺专业本科生，也可供其他高等院校有关专业师生、研究者及从事育种工作者学习和参考。

由于本教材是由遗传学、育种学的实验整合而成的，融合各高校的实验内容和新型生物技术内容，加之编写人员水平有限，书中难免存在不妥之处，恳请使用本教材的师生和读者批评指正，以便再版修订。

编 者

2023 年 7 月

目　录

实验 1
植物根尖细胞染色体制片技术与观察

一、实验目的

观察并熟悉体细胞在有丝分裂过程中的细胞学特征，了解染色体在这一过程中所表现的动态变化；掌握根尖（包括茎尖）染色体基本制片技术及其基本观察方法，为进行细胞遗传学研究奠定基础。

二、实验原理

细胞核内的染色体是生物遗传变异的重要物质基础，是基因的载体。染色体的数量变化、形态结构变异控制着生物形态特征和生理生化特征的变化，研究染色体是了解植物亲缘关系、地理分化以及杂种鉴定的重要手段。

研究染色体必须首先掌握制片技术和观察方法。从理论上说，凡是处于活跃的分裂状态的植物组织，如植物的根尖、茎尖以及通过组织培养得到的愈伤组织等都可以用于有丝分裂的制片。通过对供试材料进行一定的处理，制成临时玻片，可以在显微镜下观察染色体的变化特点和染色体的形态特征，进行染色体的计数。由于在有丝分裂过程的中期染色体具有典型的形态特征，并易于计数，因此，为获得更多的中期染色体图像，可以采用冰冻处理等方法，阻止纺锤丝的形成，使细胞分裂停止在中期。同时，通过处理还可以使染色体缩短，易于分散，便于观察和研究。另外，通过对组织细胞进行酸性水解或酶处理，可以分解细胞之间的果胶层并使细胞壁软化，细胞容易彼此散开，有利于染色和压片。通常，植物根尖分生组织压片法简便，分析速度快，计数容易，不受季节限制，是研究染色体的一种速成方法。

三、实验材料与仪器用具等

1. 实验材料
中国水仙、风信子等。

2. 实验仪器用具

冰箱、显微镜、载玻片、盖玻片、镊子、培养皿、酒精灯、火柴、烧杯、吸水纸、解剖针、剪刀、标签、带橡皮头的铅笔、吸管、刀片等。

3. 实验试剂

1mol/L盐酸、乙醇、秋水仙素、对二氯苯饱和水溶液、0.002mol/L 8-羟基喹啉、卡诺固定液、醋酸洋红染色液、叔丁醇、中性树胶(或油派胶)等。

(1)对二氯苯饱和水溶液的配制：称取5g对二氯苯结晶放入棕色试剂瓶中，加入100mL已加温至40~45℃的蒸馏水，振荡5min，静置冷却(约1h)后即可使用。该溶液宜在10~20℃条件下存放和处理。溶液用完后，可重新加入温热蒸馏水，如上法配制。

(2)卡诺固定液(CarmoyⅠ)的配制：纯乙醇3份+冰醋酸1份，随用随配，不宜久放。

(3)1mol/L盐酸的配制：取浓盐酸83mL(比重为1.19)，加蒸馏水定容至1L。

四、实验方法与步骤

1. 取材

实验前将水仙鳞茎置于盛有清水的烧杯杯口上，使根尖部与水接触，每天换1次水，3~4d后水仙根长至1.5~3cm。于10：00左右，选健壮根尖，自尖端切取约1cm长的片段。

2. 预处理

细胞分裂中期由于纺锤体的牵引，在制片时染色体经常互相缠绕、重叠，不利于对有丝分裂中染色体的观察和计数，所以材料在固定之前应用理化因素(温度或药物)进行预处理，这样可以改变细胞质黏度，抑制或破坏纺锤丝的形成，促使染色体缩短和分散等。

预处理的方法有药物和冷冻处理两种。

(1)药物处理：将材料放在培养皿中，加0.05%~0.2%秋水仙素水溶液室温下处理2~4h。也可用对二氯苯饱和水溶液或0.002mol/L的8-羟基喹啉水溶液室温下处理3~4h。这些药物都能使染色体缩短，对染色体有破坏作用。

(2)冷冻处理：将根尖浸泡在蒸馏水中，置于1~4℃冰箱内或盛有冰块的保温瓶中冰冻24h。这种方法对染色体无破坏作用，染色体缩短均匀，效果良好，简便易行，各种植物都适用。

3. 固定

在装有5mL卡诺固定液的离心管中，放入预处理的根尖10~20条，用塞盖紧，在室温下固定12~24h，固定液用量应为材料的15倍以上。经过固定的材料如不及时使用，可以置于90%乙醇和70%乙醇中各0.5h，再换入70%乙醇中，置于0~4℃冰箱内保存备用。

4. 解离

为使材料软化、细胞间联系松散，将材料放入盐酸乙醇解离液(20%盐酸与95%乙醇等体积混合，现配现用)中，在室温下解离15min，或者放入1mol/L盐酸中于60℃水浴上解离10min，然后取出根尖用蒸馏水反复冲洗4~5次。目的是洗去材料中的酸以利于染色。适度的水解分离使材料呈白色微透明，状似豆腐，以解剖针能轻轻压碎为好。

解离后用蒸馏水反复冲洗4~5次。

5. 染色

取一根尖放在吸水纸上吸去多余的保存液，然后放在一张干净的载玻片中央。用刀片将根尖分生组织切下，将其切成薄片，滴一滴2%醋酸洋红染色液，即可加上盖玻片。加盖玻片时，先使盖玻片的一侧放在载玻片上，待染液布满整个边缘时，左手握镊子顶住盖玻片，右手握解剖针托住盖玻片轻轻放下。加上盖玻片后，如有多余染色液，可用吸水纸吸去；如染色液不能布满盖玻片，则在盖玻片一侧稍加染色液，然后在酒精灯上方来回移动，并经常将载玻片放在手背上试温，以载玻片不烫手为宜，可反复进行多次。

6. 压片

在盖玻片上加一小块吸水纸，以拇指或用带橡皮头的铅笔轻压盖玻片。应注意不要使盖玻片移动。如果镜检发现染色体染色太浅，可在盖玻片周围稍加染色液再在酒精灯上方烤片；如果染色太深，可从盖玻片一侧滴加45%冰醋酸，在另一侧用吸水纸吸，让冰醋酸在盖玻片下流过，直至细胞质颜色较浅而染色体着色清晰为止。

7. 镜检

先在低倍镜下找到分裂细胞多、染色体分散均匀、染色清晰、染色体平直的细胞，然后在高倍镜下再进行观察染色体的数目形态，如图1-1所示。如果染色体分散良好，图像清晰，即可脱水封片，制成永久片。

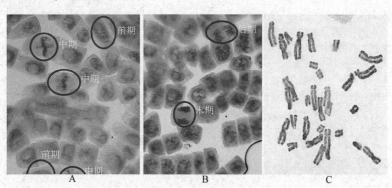

图1-1　水仙根尖分生区细胞有丝分裂示意图及染色体图(朱颖莹，2020；王瑞，2007)

A、B. 有丝分裂不同时期　C. 分裂中期，染色体形态(×2000)

8. 永久制片

将较好的临时压片材料做成永久玻片标本，制作方法很多，常用的方法有以下三种。

(1)叔丁醇法：

①选取临时压片反转，使盖玻片向下放入盛有95%乙醇+叔丁醇(1∶1)的培养皿中。一端垫上一玻璃棒，使玻片稍微倾斜，过5~10min，可见盖玻片和载玻片分离。用小镊子轻轻取出载玻片和盖玻片，用吸水纸吸去多余的醋酸、乙醇溶液。

②将有材料的一面向上，放入盛有95%乙醇+叔丁醇(1∶1)的培养皿中3min。

③换入纯叔丁醇中3min，最后用加拿大胶(溶于叔丁醇)封片。

若用苏木精染色的标本，直接从②开始，不能放入①中，以免褪色。为避免材料收缩，也可在①②两步骤之间经过95%乙醇+叔丁醇(2∶1)和②③两步骤之间加入95%乙醇+叔丁醇(1∶2)，不过步骤增多也相应增加材料脱落的机会，因此，操作时要细心轻巧。

(2)冰冻脱片封片法：制成的临时玻片可以直接放在液氮或冰冻制冷器中进行冷冻，然后用刀片插入盖玻片和载玻片之间的一角，轻轻将盖玻片揭开，将载玻片和盖玻片同时放入37℃的温箱中烘干。然后取出放在二甲苯中浸泡10~20min，用中性树胶封片即可。

(3)封蜡封片法：

①用玻璃棒蘸取一点甘油蛋白(甘油1份+新鲜蛋清1份)在载玻片上，用手指涂匀。将载玻片在酒精灯上烘1~3s。

②挑取一条已染色的材料，加一滴染液在载玻片上，加盖玻片压片。

③压片后在酒精灯上快速烘一下，这样重复5~6次即可。

④使用封蜡封片。

五、思考题与作业

(1)绘制在显微镜下观察到的各时期有丝分裂图像。

(2)观察染色体形态、数量。计数5~10个细胞染色体的数目，观察染色体的着丝点，测量两臂长度、次缢痕和随体，画出示意图。

实验 2
花粉母细胞涂抹制片及减数分裂观察

一、实验目的

了解植物花粉形成中的减数分裂过程，观察此过程中染色体的动态变化。学习并掌握制备减数分裂玻片标本的方法和技术。

二、实验原理

减数分裂是性细胞形成时性母细胞特有的一种细胞分裂形式，是物种维持遗传物质相对稳定的重要机制；同时，减数分裂中非同源染色体的自由组合，以及非姊妹染色体之间的交换，也为生物变异，进而为育种提供了丰富的物质基础和原材料。其特点是细胞连续进行两次分裂，即减数第一次分裂(减数分裂I)和减数第二次分裂(减数分裂II)(图2-1)。而染色体只在减数分裂第一次分裂前复制一次，形成的性细胞只含有体细胞染色体数的一半。

植物花粉形成过程中，花药内的某些细胞分化成小孢子母细胞($2n$)。每个小孢子母细胞进行两次连续的细胞分裂，其中第一次为减数分裂，第二次为等数分裂，形成四个子细胞，每个细胞变成一个小孢子，这时的小孢子内细胞核的染色体数目已是原来的一半(n)。在适当时期采集植物的花蕾(花序)，经固定、染色、压片，就可在显微镜下观察到性母细胞减数分裂的过程，可以辨认染色体的形态和数量上的变化，从而为遗传学研究中远缘杂种的分析、常规的组型分析以及三个基本规律的验证提供直接或间接的依据。

三、实验材料与仪器用具等

1. 实验材料

水仙、紫雏菊、牡丹等。

2. 实验仪器用具

显微镜、载玻片、盖玻片、镊子、吸管、酒精灯、火柴、烧杯、量筒、立式染缸、吸水纸、纱布等。

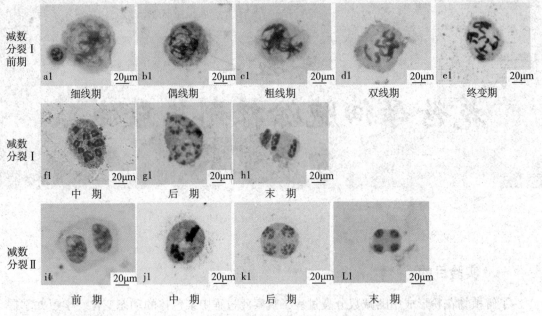

减数分裂Ⅰ前期　a1 细线期　b1 偶线期　c1 粗线期　d1 双线期　e1 终变期

减数分裂Ⅰ　f1 中期　g1 后期　h1 末期

减数分裂Ⅱ　i1 前期　j1 中期　k1 后期　L1 末期

图 2-1　二倍体紫雏菊花粉母细胞减数分裂过程(姜伟珍，2014)

3. 实验试剂

无水乙醇、卡诺固定液、卡宝品红染色溶液、冰醋酸、甘油、松香、中性树胶、45%乙酸等。

四、实验方法与步骤

1. 取材

选取适当发育时期的花蕾是观察花粉母细胞减数分裂的关键性步骤。减数分裂的植株形态和花蕾大小，依植物种类和品种而不同，须经过实践记录，以备参考，通常应从最小的花蕾(头状花序)起试行观察。

2. 固定

将花蕾或花序用卡诺固定液于 4℃条件下固定 24h，然后保存在 70%乙醇中，放在冰箱内保存备用。

3. 染色压片

取固定好的花蕾或花序，用自来水冲洗 15min，然后用刀片将花蕾或花序沿中间平均切成两半，用尖头镊子拽取 2~3 朵靠近花盘中心的小花或花药，置于干净载玻片上，然后滴一滴纯水，再将载玻片置于解剖镜下用解剖针将花药横切，用针头轻压花药，挤出花粉母细胞，除去花药壁，滴一滴卡宝品红染色溶液，立刻置于低倍镜下观察，如有清晰的分裂图像，可加上盖玻片，在盖玻片上覆一层吸水纸。用拇指轻压盖片，使成堆的花粉母细胞散开，注意勿使盖玻片错动。同时观察减数分裂不同时期典型的花粉母细胞及其动态变化。

4. 封片

选取临时压片反转，使盖玻片向下放入盛有95%乙醇+叔丁醇(1∶1)溶液的培养皿中。一端垫上一玻璃棒，使玻片稍微倾斜，5~10min后，可见盖玻片和载玻片分离。用小镊子轻轻取出载玻片和盖玻片，用吸水纸吸去多余的醋酸乙醇溶液。

将有材料的一面向上，放入盛有95%乙醇+叔丁醇(1∶1)溶液的培养皿中保持3min。

换入纯叔丁醇中3min，最后用加拿大胶(溶于叔丁醇)封片。

上述压片若要长期保存，可做成永久片。

五、思考题与作业

(1)绘制所观察到的减数分裂各时期的示意图，并简述其特征。

(2)减数分裂中哪些时期染色体倍数为$2n$，哪些时期染色体倍数为n？

实验 3
植物染色体组型分析

一、实验目的

学习和掌握染色体组型分析的基本方法。观察了解水仙、芍药、牡丹等园林植物的染色体组型。

二、实验原理

染色体是生物细胞内遗传物质的主要载体，各种生物染色体的形态、结构和数目都是相对稳定的。每一生物细胞内特定的染色体组成叫作染色体组型或核型，包括染色体数目、大小、形态以及异染色质的分布特征（图 3-1）。染色体组型分析，就是研究一个物种细胞核内染色体的数目及各染色体的形态特征，如对染色体的长度、着丝点位置、臂比和随体有无等的观测，从而描述和阐明该生物的染色体组成的过程。

植物染色体组型（或核型）分析，对于研究植物的起源和进化、物种之间的亲缘关系以及鉴定种间杂种，比较一个物种内不同群体或个体染色体数量和结构变异等，都是有价值的，是细胞遗传学研究的基本方法之一。

三、实验材料与仪器用具

1. 实验材料

水仙、芍药、牡丹等体细胞染色体放大照片。

2. 实验仪器用具

小米尺或三角板、剪刀、镊子、铅笔、胶水、绘图纸、计算器。

四、实验方法与步骤

1. 测量

根据放大照片，对每一条染色体依次进行测量。需要测量的项目如下：

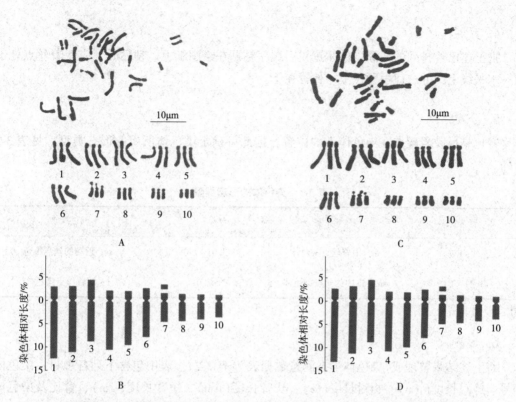

图 3-1 重瓣花型和单瓣花型崇明水仙根尖体细胞的染色体形态和核型模式图(周永刚，2011)

A、B. 重瓣花型　C、D. 单瓣花型

染色体数目＝同一体细胞内染色体的总个数

染色体绝对长度＝长臂长度＋短臂长度(分别量到着丝点中部)

染色体相对长度＝单个染色体长度/单套染色体组全长×100%

染色体臂比＝长臂长/短臂长

值得注意的是：随体是否计入臂长需要注明。

2. 配对

根据目测和比较染色体的相对长度、臂比、次缢痕的有无和位置，随体的有无、形状和大小，进行同源染色体配对。

3. 排列

染色体的排列通常是从大到小，按长度顺序编号，一对同源染色体一般只编一个号。等长的染色体，以短臂长的在前；有特殊标记的，如具随体染色体、性染色体多数排列在最后；若有两对以上具随体染色体，则大随体染色体在前，小随体染色体在后；异源的染色体组(主要指杂种)要分别排列。

4. 剪贴

把上述已经排列的同源染色体按先后顺序粘贴在绘图纸上。粘贴时，应使着丝点处于同一水平线上，并一律短臂在上、长臂在下。

5. 分类

臂比是反映着丝点在染色体上的位置，据此可确定染色体所属的形态类型，见表3-1所列。

表3-1 染色体的形态类型

臂比	形态类型	臂比	形态类型
1～1.7	m，中着丝点染色体	3.01～7.0	st，近端的丝点染色
1.71～3.0	sm，近中的丝点染色体	>7.01	t，端着丝点染色体

6. 填表

将上述结果整理成"染色体形态测量数据表"（表3-2）。表中包含下列各项目：染色体序号、绝对长度（μm）、相对长度（%）、长臂长度（μm）、短臂长度（μm）、臂比及染色体形态类型。表头注明单倍的染色体实际总长（μm）。

7. 综合描述

说明供试材料的染色体总数、染色体组型公式、染色体的大小、染色体组型的分类。

（1）染色体组型公式：如蚕豆的染色体组型公式为 $2n=12=2m+10t$。

（2）染色体大小的确定：规定 1μm 以下为极小染色体；1～4μm 的为小染色体；4～12μm 为中染色体；12μm 以上的为大染色体。

（3）染色体组型的分类：即核型的分类。同一核型中染色体相对大小不一，一般可根据核型中染色体臂比及其比值大小，以及它们所具有的数目比例而划分，由 m 染色体组成的，称为对称性组型；大多数由 m 染色体组成的，称为基本对称组型；大多数由 sm 和 st 组成的称为基本不对称组型；由 st 组成的，称为不对称组型。

8. 翻拍和绘图

将剪贴排列好的染色体组型图进行翻拍；用坐标纸或绘图纸制成染色体模式图。

五、思考题与作业

（1）对已拍摄放大的染色体图片制作染色体组型图，并绘制染色体模式图。

（2）将染色体组型图上所测量的数据分别填入表3-2，并写出染色体形态类型。

（3）描述实验观测到的染色体组型结果。

表 3-2 染色体形态测量的数据表

染色体序号	绝对长度 （μm）	相对长度 （%）	长臂长度 （μm）	短臂长度 （μm）	臂 比	染色体类型
1						
2						
3						
4						
5						
6						
7						
8						
9						
10						

实验 4
园林植物遗传力估计

一、实验目的

掌握质量性状和数量性状的主要区别，能利用数量性状的遗传分析基本方法正确估算园林植物的遗传力，为品种选育提供指导。

二、实验原理

遗传力又称遗传传递力，是指亲代将某一性状遗传给子代的能力，反映生物在某一性状上亲代与子代间相似程度。某一性状的遗传力高，说明在该性状的表现中由遗传所决定的比例大，子代重现其亲代表现的可能性就越大。

根据遗传力的高低确定杂交后代不同世代性状选择的重点和标准。凡是遗传力高的性状，应在早代进行选择，易表现出来，所以早代选择效果好，以减轻育种工作量；遗传力低的性状则可在后期世代进行选择，因为随着基因型纯合度的增加，性状的遗传力也会随之增加，加上控制数量性状遗传的微效多基因具有累加作用，所以晚代选择有效。

遗传力（H）是遗传方差（V_G）与总表型方差（V_P）之比，用公式表示为

$$H = V_G / V_P \times 100\%$$

V_G 和 V_P 都是从环境的田间试验中估算出来的。所以，会随环境的改变而变化，因而遗传力不是常数，只是一个估计值。不同植物、不同性状、不同世代、不同地点的材料，不同的估算方法，估算的结果往往不同。一般情况下，同一品种在环境条件相对一致的情况下，遗传力是相对稳定的，因此可作为应用的参考。

菊科（百日菊、大丽菊等）的重瓣性遗传为数量性状的遗传，重瓣亲本与单瓣亲本杂交后产生的 F_2 代群体在花瓣上产生较大的变异。在该性状的遗传研究中，所观察到的只是表现型，而数量性状是在基因型与环境的互作下表现出的数值，实际上无法度量，只能通过该部分的变化所引起的表型变化的大小来估算其作用的程度，即用方差来表示各种变异。因此，通过 F_2 代群体花瓣型的分析，可以估算出菊科重瓣型的遗传力。

三、实验材料

菊科重瓣型(P_1)和单瓣型(P_2)亲本及其杂交的 F_2 代群体。

四、实验方法与步骤

(1)统计花瓣数最多(重瓣型)的 10 朵花的花瓣数量。

(2)统计花瓣数最少(单瓣型)的 10 朵花的花瓣数量。

(3)统计 F_2 群体(至少 100 朵)每朵花的花瓣数。

(4)绘制花瓣数频率分布图,并根据数量性状的基本统计方法估算遗传力。遗传力的计算公式为

$$H = V_G / V_P \times 100\%$$

(5)观察是否有其他性状与重瓣性相关。

五、思考题与作业

(1)汇总全班统计结果,完成表 4-1,并估算遗传力。

表 4-1　瓣型统计结果

花瓣数	频　数	频　率	平均值	方　差
0~10				
10~20				
20~30				
30~40				
40~…				

(2)试述遗传力在园林植物育种实践中的指导作用。

实验 5
植物基因组 DNA 提取及琼脂糖凝胶电泳检测

一、实验目的

学习从植物组织中基因组 DNA 的提取法和琼脂糖凝胶电泳的方法。

二、实验原理

核酸是生物遗传的物质基础，决定了生物体的遗传、变异、生长和发育。在基因工程中，核酸分子是主要的研究对象，因此核酸的分离、提取是分子生物学研究中很重要的技术，核酸样品的质量直接关系到实验的成败。

分离纯化核酸的总原则：保证核酸一级结构的完整性，排除其他分子的污染。纯化后应达到以下要求：不应存在对酶有抑制作用的有机溶剂和过多的金属离子，蛋白质、多糖、脂类等降低到最低程度，排除其他核酸分子的污染。核酸提取的主要步骤为：①破坏细胞；②去除与核酸结合的蛋白质、多糖等生物大分子；③分离核酸；④去除杂质（不需要的其他核酸分子、盐等）；⑤核酸的贮存、定量。从提取原理上基因组 DNA 提取方法分为 CTAB 法和 SDS 法。

（1）CTAB 法：CTAB（十六烷基三乙基溴化铵）是一种去污剂，可溶解细胞膜，它能与核酸形成复合物，在高盐溶液中（0.7mol/L NaCl）是可溶的，当降低溶液盐浓度到一定程度时（0.3mol/L NaCl），CTAB 与核酸的复合物从溶液中沉淀，通过离心就可将该复合物同蛋白质、多糖类物质分开，然后将 CTAB 溶于高盐溶液，再加入乙醇使核酸沉淀。

（2）SDS 法：采用去污剂 SDS 去除组织中的蛋白质及多糖，比 CTAB 法较温和，避免了对核酸的过度切割，因而可提取出相对分子质量高的 DNA（大于 100kb）。

处理 DNA 样品时，可在 65℃ 条件下保温 30min，较其在 37℃ 条件下处理有以下优点：①RNA 酶最适作用温度为 65℃；②DNA 酶最适作用温度为 37℃；③RNA 中的某些组分会形成发卡结构，65℃ 处理更有利于这些结构的松散，使 RNA 酶的作用更完全。酚/氯仿/异戊醇的作用是去除核酸制品中的蛋白质，并有利于水相与有机相的分开，而且可以消除泡沫。异丙醇或乙醇的作用是沉淀 DNA。

琼脂糖凝胶电泳是用于分离、鉴定和提纯 DNA 片段的标准方法。DNA 在碱性条件下

14

(pH 8.0 的缓冲液)带负电荷,在电场中通过凝胶介质向正极移动,不同 DNA 分子片段由于相对分子质量和构型不同,因此在电场中的泳动速率也不同。溴化乙锭(EB)可嵌入 DNA 分子碱基对间形成荧光络合物,经紫外线照射后,可分出不同的区带,达到分离、鉴定相对分子质量、筛选重组子的目的。

三、实验材料与仪器用具等

1. 实验材料

矮牵牛、拟南芥、烟草幼嫩叶片。

2. 实验仪器用具

低温离心机、紫外分光光度计、试管、水浴锅、微量移液器、琼脂糖凝胶电泳系统、离心管、研钵、冰盘、塑料烧杯、枪头、EP 管、恒温培养箱、高压灭菌锅、紫外线透射仪。

3. 实验试剂

(1)CTAB 法主要试剂:CTAB 提取缓冲液(2% CTAB,1.4mol/L NaCl,20mmol/L EDTA,100mmol/L Tris-HCl,pH 8.0)、PVP(聚乙烯吡咯烷酮)、酚:氯仿:异戊醇(25:24:1)、异丙醇、10nmmol/L β-巯基乙醇、无菌水。

(2)SDS 法主要试剂:提取缓冲液[100mmol/L Tris-HCl(pH 8.0)]、50mmol/L EDTA (pH 8.0)、500mmol/L NaCl、KCl(氯化钾)、10%或20%SDS(十二烷基硫酸钠)、酚:氯仿:异戊醇(25:24:1)、无水乙醇、75%乙醇、异丙醇、5mol/L KAc(醋酸钾)。

(3)琼脂糖电泳主要试剂:

①50×TAE 缓冲液　242g Tris-HCl,57.1mL 醋酸,37.2g Na$_2$-EDTA·2H$_2$O,加水至1L,室温下保存。TAE 缓冲液可以反复使用,但也不能使用次数太多,否则缓冲能力会下降。

②溴化乙锭溶液(EB 溶液:1mg/mL)　用蒸馏水配制,于4℃保存,用时稀释成 0.5~1μg/mL。EB 是一种诱变剂,也是致癌剂。用完后应先用漂白粉处理,再倒入废液桶。

③溴酚蓝溶液(0.05%溴酚蓝+50%甘油溶液)　先用水配成1%的溴酚蓝,再与等体积甘油混合。溴酚蓝作为指示剂,由于它的相对分子质量较小,甘油可增加样品的比重,使泳带清晰。一般加入量为样品量的1/5。

④琼脂糖(0.5%~1%)　0.5%~1%琼脂糖,用 TAE 缓冲液配制。1~25kb 的 DNA 片段分辨率高。

四、实验方法与步骤

1. 基因组 DNA 的提取

(1)CTAB 法提取:

①植物组织的破碎　取 0.1g 新鲜叶片,在液氮中研磨至粉末状转入 2mL 离心管。

②细胞的破碎　迅速加入 800μL 预热（65℃）的 CTAB 缓冲液和巯基乙醇 16μL，涡旋振荡 1min 后，在 65℃条件下保温 30min 以上，期间振荡离心管 1 次。

③核酸的分离　于通风橱中加入 800μL 酚：氯仿：异戊醇（25：24：1）抽提，摇匀之后置于冷冻离心机上以 12 000r/min 离心 10min；然后吸取 600μL 上清液转移至新的 2mL 离心管中，并加入 600μL 的氯仿：异戊醇（24：1），12 000r/min 离心 10min，吸取 360μL 上清液于新离心管中，去除混合在提取缓冲液中的蛋白质和多糖，使 DNA 从混合液中分离出来。

④核酸的纯化　加入等体积的异丙醇于上清液中，轻柔摇动离心管直至管内产生白色的絮状物（DNA）；用 70%的乙醇清洗沉淀；经室温干燥后溶于 200μL TE 中。

（2）SDS 法提取：

①称取 0.1g 烟草叶片于预冷的研钵中，加入 3 倍体积（w/v，约 300μL）的提取缓冲液，在冰盘上研磨，转入一支 EP 管中，加约 300μL 提取缓冲液，再加入 20%SDS 至终浓度为 2%，约 66μL，轻轻混匀后置于 65℃水浴，10min。然后加入 1/10 体积的 5mol/L 醋酸钾（约 66μL），于水浴中反应 30min，离心（15 000r/min，10min，4℃）。

②取上清夜转入一支新的 EP 管中，用等体积的酚：氯仿：异戊醇（25：24：1）抽提一次（上下晃动几次即可），离心（12 000r/min，10min，20℃）。

③取上清液转入一支新的 EP 管中，加入等体积的异丙醇，于室温下反应 5~10min，期间至少颠倒 5 次，离心（15 000r/min，10min，4℃），弃上清液，用 70%乙醇冲洗沉淀物，真空抽干或吹干，最后溶于 50μL 无菌水。

2. 核酸质量检测

（1）紫外分光光度计测定：核酸的纯度和浓度可以用紫外分光光度计测定，OD 值代表光密度，下标数字表示光波长，当 DNA 样品 OD_{260}/OD_{280} 值为 1.8 时，表明样品纯度较好。若低于此值，则样品中可能有蛋白质污染。在 OD_{260} 的读数用于计算样品中的 DNA 浓度。

（2）琼脂糖电泳检测：

①制胶　0.08%琼脂糖溶于 TAE 中，沸水浴融化（与此同时，封槽，调平电泳槽）。

②灌胶　待冷却至 50~60℃时，缓缓倒入胶板，插上梳子。胶凝后拔去梳子，揭下胶条，加入 TAE 至槽内，约高出胶板 1mm。

③加样　样品 10~15μL，指示剂 3~5μL，在封口膜上混合好，用微量进样器加入穴内。

④电泳　接通电泳槽与电泳仪的导线，一般红色为正极，黑色为负极。调电压至 100V，在指示剂距胶板底部 1~2cm 时停止电泳。

⑤染色　将胶板放入含 EB 的染色盘中，染色 20~30min。

⑥观察　电泳结束后取出胶膜，在紫外灯下观察，使用凝胶成像系统拍照。

五、注意事项

（1）研磨后应迅速加入提取液，因为提取液中含 EDTA，能够螯合 Mg^{2+} 等二价阳离子，防止破碎细胞中的 DNA 酶降解 DNA。

（2）转移上清液时所用的枪头最好用剪刀将尖头剪去，以避免对 DNA 造成不必要的机械损伤。

（3）干燥 DNA 时，过干或过湿都不利于 DNA 的溶解。

（4）琼脂糖溶液配制成以后，冷却到 50℃左右才能倒板。温度过高易使支持凝胶的有机玻璃板变形，或使封闭胶带周围开裂，造成漏胶；温度过低，琼脂糖很快凝结，使所倒的胶不均匀；支持板一定放在水平台上，一次倒胶成功，动作要迅速；拔梳子时要轻、快、准。

（5）TAE 缓冲液的缓冲能力较弱，用的时间过长，易造成 pH 不稳定，所以需经常更换。

六、思考题与作业

（1）记录提取的 DNA 样本的 OD 值，并计算样本浓度。

（2）记录琼脂糖电泳条带图，分析 DNA 提取质量，并说明影响 DNA 提取质量的因素。

实验 6
园林植物表型变异类型观察

一、实验目的

通过实验初步掌握园林植物表型变异类型划分的原理和方法。

二、实验原理

园林植物表型变异研究是进行表型选择的工作基础，经过表型选择出来的类型，一般就直接称为优良类型，这些优良类型一方面可直接用于园林绿化，另一方面可作为该植物种进一步改良的原始材料。

三、实验材料与仪器用具

1. 实验材料

各种园林树木和花卉品种。

2. 实验仪器用具

手持放大镜、铅笔、绘图纸、枝剪、小刀、米尺。

四、实验方法与步骤

1. 树木形态特征变异的观察

（1）叶子形态特征的变化：许多乔灌木树种叶子的结构和色泽存在一定的变化，并在绿化事业上广泛应用，如圆柏的针叶有刺叶和鳞叶之分；槭树和黄栌的红叶中，存在深红、淡红和黄色三种类型；李树中还发生了保持全年树叶紫红的变异红叶李；各种杨树、柳树的叶形和叶片大小也存在一定的差异。

（2）果实（球果）形态特征的变异：果实（球果）是树木重要的繁殖器官，也是划分种、品种和类型的重要性状特征。核桃果实按形状可划分为：尖顶、卵果、长果、圆果、方果五种类型；按种壳光滑程度可分为光滑、中等光滑和有皱沟三种类型；按种壳厚度及其内壁构造(内壁褶、内壁膜、种壳)可划分为露仁、薄壳、绵仁、夹绵、夹仁、节子六大类型。

(3)树皮形态特征的变化：许多树种树皮的色泽、光滑度、裂缝的状况(形状、深裂度、裂缝的色泽)和裂片的形状均存在一定的差别，如杨树、柳树、榆树、泡桐和松树等树种均可见。

(4)树木冠形和分枝习性的变化：树木的冠形和分枝习性是重要的经济指标之一。树木的冠形，如圆柏、铅笔柏等树种可分为塔形(尖塔形、圆锥状塔形、圆柱状塔形)，椭圆形和卵形等形状。树木的分枝习性可分为水平状、下垂状(刷状和核状)、斜展状和重叠状四种形式。另有扭枝状，如龙爪柳、龙爪桑，垂枝状如'龙爪'槐、垂柳等。

2. 花卉植物形态特征变异的观察

观测花卉植物品种的园林与经济性状，包括株型、花、叶、果实、抗性等特征，对其进行比较和评价。具体观测性状如下：

(1)株型：包括株高、冠幅(株幅)、冠形、分枝角度、分枝数、枝叶的特征、植株生长情况等。

(2)花的特征：包括花期、花型、花朵大小、花色、花香、开花数量等。

(3)叶的特征：包括叶长、叶宽、叶形、叶片是否被毛、叶柄长等。

(4)结实情况：包括果实的形状、大小、多少等。

(5)抗性：包括抗寒性、抗热性、抗旱性、抗病性、抗虫性、耐阴性等。

(6)特殊的经济价值或园林价值：略。

3. 观察和记录

(1)每四五人为1组，每小组测量3个品种，每小组测量该品种3株。

(2)每个品种都应按要求调查的内容进行列表观测记载。

(3)数量性状精确到小数点后一位，质量性状一般按三级记载，例如：

香味：浓、一般、较淡；

花量或结实：多、中等、少；

抗性：强、中、弱。

五、思考题与作业

(1)通过观察，详细记载两种树木或花卉的变异类型特征，并用绘图、拍照等方法加以说明，设计并填写好不同品种间性状差异表。

(2)谈谈园林植物种质资源调查收集对新品种培育的意义。

实验 7
园林植物种质资源调查和性状鉴定

一、实验目的

种质资源调查和性状鉴定是园林植物遗传育种教学过程中不可缺少的重要组成部分，是检验学生运用课堂知识水平和锻炼实践能力的重要途径，能够培养学生独立鉴定植物的能力和创新意识，也为学生开阔视野和扩大知识面提供良好机会。在生产实践中，为了充分开发利用丰富的园林植物种质资源，必须首先进行区域园林植物资源调查，弄清调查地区园林植物资源的种类、贮量和地理分布规律，了解园林植物资源利用的历史、现状和发展趋势。在园林植物资源调查的基础上，对区域植物资源性状、种类、贮量、开发利用及应用潜力等进行科学鉴定、综合分析和系统评价，为进一步制定园林植物资源开发总体规划提供理论和技术依据。因此，本方法不仅适用于园林植物种质资源调查和性状鉴定，也可以用于常规的植物资源调查实践工作。

二、实验原理

园林植物种质资源调查是依据植物学、树木学及野生植物资源学，包括植物分类学、植物生态学和植物地理学等为基本理论指导，通过周密的调查研究来获得区域园林植物资源挖掘、开发利用和保护管理方案的详细资料。园林植物种质资源性状鉴定是在调查研究的基础上，主要依据植物科学系统分类理论和综合评价技术，对园林植物资源性状进行科学鉴定和全面分析，为制定区域园林植物资源的可持续开发利用提供理论支撑。

三、实验材料与仪器用具

1. 实验材料
调查区域内的园林植物资源。

2. 实验仪器用具
提前准备 GPS、照相机、标本夹、枝剪、镊子、刀具、记号笔、钢笔、铅笔、直尺、塑料袋、种子袋、解剖针、解剖镜、刀片、卷尺等。

四、实验方法与步骤

1. 调查准备

搜集了解调查地区园林植物资源种类、分布及利用情况，掌握有关植被、土壤、气候等园林植物生存的自然环境信息。

2. 调查方法

按照能够垂直穿插所有的地形与植被类型或不能穿插的特殊地区应给予补查的基本原则，在调查区域制订合理的调查方案，选择安全可靠的调查路径，采用现场调查（分踏查法和详查法）、路线调查（分路线间隔法和区域控制法）、访问调查、野外取样（分主观取样技术和客观取样技术），实现点、线、面、访问相结合的综合调查，同时在调查过程中做好常规记录、标本采集及拍照存影。具体方法介绍如下：

（1）踏查：也称概查，是对调查地区进行全面概括了解的过程。

（2）详查：是在踏查的基础上，在调查区域和样地上具体完成园林植物资源种类和贮量调查的最终步骤，是园林植物资源调查的主要工作内容。

（3）路线间隔法：是在调查区域内按路线选择的原则，布置若干条基本平行的调查路线。

（4）区域控制法：是指当调查区域地形复杂、植被类型多样、园林植物资源分布不均时，可按照地形划分区域，分别按选择调查路线的原则，采用路线间隔法进行调查。

（5）主观取样：是指主观判断选取"典型"样地。迅速快捷，但无法对其估量进行显著性检验，无法确定其置信区间，应用的可靠性无法事先预测。

（6）客观取样：是指概率取样，可计算估量的置信区间及进行样本间的显著性检验，能明确知道样本代表性的可靠程度。尽可能采用客观取样。

3. 性状鉴定

依据调查区域内园林植物的性状特点，可以将鉴定过程分为现场鉴定和非现场鉴定。按照植物科学系统分类理论和植物定性分析化学方法，以及综合评价技术进行园林植物性状鉴定，汇总结果并填写表7-1、表7-2。在不同区域开展园林植物资源调查与性状鉴定时，可以根据实际情况对表7-1、表7-2的填写内容进行调整。

4. 成果绘图

为了更准确直观地反映区域内园林植物资源分布的特点和规律，在园林植物种质资源调查和性状鉴定的基础上，可以在地理底图中把工作结果按一定行政区划绘制为成果图。

5. 报告撰写

将调查与鉴定结果汇总凝练，按照所需格式撰写成果报告，最后附带详情资料。

表 7-1　园林植物种质资源调查和性状鉴定表

序　号	植物名称	科　属	生长状况 （株型）	种质来源 （乡土或引种）	原产地 （若为引种）	保护措施 （方案方法）	应用情况 （数量及配置模式）
1							
2							
3							
…							

　备注：植物名称、科、属要求写出中文名和拉丁学名；生长状况调查包括生长势良好、中等、差及植株病虫害和其他生长不良情况，以及植株各器官详情与株型特征等信息；原产地地理区域可以查阅相关文献。

表 7-2　园林植物种质资源调查和性状鉴定综合评价表

序　号	植物名称	分类意义	园林用途	资源数量	利用价值	再生能力	开发潜力	生境状况
1								
2								
3								
…								

五、思考题与作业

（1）每组完成一份本地区园林植物种质资源名录。

（2）对具有代表性的园林植物种类、品种典型性状进行观察、记载，编制品种检索表。

实验 8
园林植物引种调查

一、实验目的

通过引种调查了解引进园林植物在该地区的适应性及生长发育状况，作为分析引种失败、树种选择的科学依据；通过实验掌握引种调查的基本方法。

二、实验原理

引种包含两方面内容：一是将外地园林植物移栽到新地区；二是变野生植物为栽培植物(也称驯化)。

引种工作对园林植物生产具有重要意义，是丰富本地区园林植物种类的捷径，比用杂交、诱变等方法创造新类型所需要的时间、人力和物力都少且见效快。因此，引种是丰富园林植物种类、提高园林植物产业生产力的重要手段。

园林植物引种必须满足以下基本条件：

①被引种植物必须具有一定的观赏性或者园林价值，如植物的叶、花、果、干、根、形等具有独特的形态、色彩、芳香特性，能满足园林配置的需要，或者植物有特殊的生态价值(如吸灰尘、废气、抗污染物等)等；

②引种地与栽培地的生境条件相似或者人为控制使其生境条件相符，引种植物能正常成活，有一定的抗性；

③被引种植物在引种地与栽培地长势良好。

三、实验材料与仪器用具

1. 实验材料

校内引种园林植物，包括一些观叶园林植物。

2. 实验仪器用具

测高器、皮尺、钢卷尺、记载表格等。

四、实验方法与步骤

1. 适应性的调查

适应性调查评价是引种驯化中很重要的一环，只有经过评价，才能确定引种植物是否驯化成功。所观察园林植物种类必须是露地栽培的。重点调查观赏效果、生殖生长情况、营养生长情况、抗寒性或越夏能力等方面。

2. 评价标准

将引种园林植物的适应性状况和表现的观赏效果分为七级：

A：长势和原产地持平，能正常开花结果，种子能够自然下播种繁殖，观赏效果佳；

B：长势良好，已开花结实，常绿种类冬季略有冻害，但不影响翌年生长，不影响景观效果，花和种子的数量比原产地要少，所产种子能够人工繁殖，观赏效果较好；

C：长势较好，能开花结实，但种子数量较少，种子空粒，不能繁殖后代，观赏效果较好；

D：生长一般，开花不结实，观赏效果一般；

E：营养生长一般，受冻害但翌年能恢复生长，未开花结果，观赏效果较差；

F：严重生长不良，未见花果，越冬越夏困难，无观赏价值；

G：因不适应而死亡。

五、思考题与作业

每组调查三种不同园林植物引种情况，并分析引种成败的原因。调查的植物可以为不同彩叶园林植物，或者同一科属不同种园林植物。

实验 9
园林植物优良单株选择

一、实验目的

掌握园林植物优良类型选择的程序与方法。

二、实验原理

园林植物优良类型指在同一园林植物中某些性状或某一性状，远远超过相同立地条件下其他同龄植株者。优良类型选择是选育园林植物新品种的一种有效方法，属单株选择的范畴。单株选择法就是按照某些观赏性状或经济性状从原始群体中选出若干株优良单株，通过无性繁殖形成营养系，并经品种对比及区域化栽培试验，确定真正遗传品质优良者经审定后推广。

三、实验材料与仪器用具

1. 实验材料

各种园林植物已开花结实的实生苗群体，如菊花、鸡冠花、百日草、波斯菊等。

2. 实验仪器用具

游标卡尺、毫米尺、皮尺、围尺、铅笔、绘图纸、手持放大镜、测高器、计算器。

四、实验方法与步骤

1. 初选

目测预选，对符合要求的植株编号，并做明显标记，然后对预选植株进行现场调查记载，并对记录材料进行整理、分析，充分排除环境引起的不遗传变异。调查指标根据具体方法而定，一般情况下，生长量、抗性、株姿、花朵繁育度、花色、花期等内容是必须调查的指标。

预选植物是否入选，必须用科学的方法加以选择，园林植物中比较常用的方法是评分比较选择法。这种方法是根据植物各性状的相对重要性分别给予一定的标准比分（可采用百分制），然后将各性状与此标准比较，适当加分或减分，加减分值一般不超过标准分值的 10%~15%，计算各性状的总得分，得分高者入选。以波斯菊为例，选择育种目标为适合于花坛、花境观赏的植株较高、花量大、花色丰富的波斯菊优良单株。那么，综合评分比较法标准可参考表 9-1，评分记录表参考表 9-2。

表 9-1　波斯菊综合评分标准

选育目标		评分标准		
植株 （50分）	高度（20分）	≤50cm 1~6 分	51~89cm 7~13 分	≥90cm 14~20 分
	株姿（10分）	植株不饱满，分枝不均衡，最下部叶片距地面高≤30cm 1~3 分	植株相对较为饱满，分枝较均衡，最下部叶片距地面较高，31~40cm 4~6 分	植株饱满分枝且分枝均衡，最下部叶片距地面高≥41cm 7~10 分
	长势（10分）	生长势差，抗性差 1~3 分	生长中等，抗性较好 4~6 分	生长旺盛，抗性强 7~10 分
	茎叶（10分）	主茎歪斜、细弱，叶片较小，叶色黄或淡绿色 1~3 分	主茎存在弯曲现象、较粗壮，叶片大小中等，叶色较健康 4~6 分	主茎笔直、粗壮，叶片舒展，叶色浓绿 7~10 分
花朵 （50分）	花型及重瓣性（20分）	花型不饱满、花瓣层数≤2 1~6 分	花型相对饱满、花瓣层数 3~5 7~13 分	花型饱满、花瓣层数≥6 14~20 分
	花径（15分）	≤4cm 1~5 分	5~8cm 6~10 分	≥9cm 11~15 分
	花朵数量（15分）	≤2 1~5 分	3~5 6~10 分	≥6 11~15 分

表 9-2　波斯菊评分比较选择法评分表

实际得分／各性状标准／品系编号及来源	株体（40分）				花朵（40分）			综合得分
	高度 （20分）	株姿 （10分）	长势 （10分）	茎叶 （10分）	花型及重瓣性 （20分）	花径 （15分）	花量 （15分）	

如果以菊花为例，育种目标为植株较高、抗性强、花量大、花色丰富、花期长、开花晚的菊花优良单株综合评分比较法可参照表 9-3。

这种选择方法以主要性状为主，兼顾其他性状，较为科学、合理，适合于一、二年生草花，宿根花卉，球根花卉，地被植物及观赏树木的评选。

园林树木评选时，可从生长量、干形、冠形、冠茎比、分枝角度、病虫害等性状方面制定标准。

表 9-3　菊花评分比较选择法评分表

各性状标准 / 实际得分 / 品系编号及来源	株体(40分)				花朵(40分)			花期(20分)		综合得分
	抗性(20分)	株姿(10分)	长势(5分)	茎叶(5分)	繁密度(15分)	花色(15分)	花态(10分)	早晚(10分)	长短(10分)	

注：花期一项可以在复选阶段考查。

2. 复选

对初选中入选的单株，再次进行评选。通过嫁接或扦插繁殖成营养系，在选种圃中进行比较，观察优良性状再现情况。

选种圃要求地力均匀，每系不少于 10 株，单行小区，每行 5 株，重复 2 次。圃地两端设保护行，对照用同品种的普通型植株，嫁接繁殖时砧木用当地常用类型。

五、思考题与作业

（1）每人根据所选品种及选种目标，制定相应的评分标准，初选 2~3 株优良单株，记载初选记录表，并根据专业知识及文献，对自己制定的评分标准的合理性进行说明。

（2）对选出的优良单株进行描述介绍。

实验 10
园林植物花器官及开花习性调查

一、实验目的

了解园林植物花器官及开花习性的主要特点；熟悉园林植物开花习性调查的主要观察内容和观察方法。

二、实验原理

园林植物花器官及开花习性的调查是园林植物有性杂交育种研究的基础，此项调查可作为识别品种、制订杂交计划的主要依据。一般条件下着重调查花芽形态与分布节位，花期的早晚，雌雄蕊的状态，花粉的有无与多少，花瓣的颜色、大小、形状、分布，萼筒深浅、颜色等，同时还可以根据花器特征来确定其传媒类型。

三、实验材料与仪器用具

1. 实验材料
桃、百合、牡丹、四季秋海棠、蝴蝶兰等不同花型植株 1~2 株。

2. 实验仪器用具
解剖镜、镊子、解剖针、刀片、载玻片等。

四、实验方法与步骤

1. 花器官观察

(1)花的类型：根据花器官的有无或完全与否，可以分为：①完全花和不完全花；②重被花、单被花和无被花；③两性花、单性花和无性花；④辐射对称花、两侧对称花和不对称花等类型。

(2)花序类型的观察：园林植物的花序类型包括单生花、无限花序（总状花序、复总状花序、穗状花序、肉穗花序、伞房花序、伞形花序、头状花序、隐形花序等）、有限花序(单歧聚伞花序、二歧聚伞花序、多歧聚伞花序、轮伞花序)。

（3）花型：包括单瓣、重瓣等。花型对植物的传粉和结实会产生影响。

（4）雄蕊和雌蕊：其生长发育状态、着生方式与植物的授粉特点、结实能力等有很大的关系。

（5）花粉：是植物自然授粉和人工杂交的主要物质基础。同样的两性花品种，花药中产生花粉的多少是不同的，有些很多，有些中等，有些则很少。

2. 开花习性调查

开花时间及花期长短：不同花卉其开花时间差异较大，如梅花、玉兰、连翘等在早春开花，牡丹、芍药等春季开花，荷花夏季开花，菊花秋季开花，蜡梅则冬季开花，而月季、矮牵牛、四季桂等一年四季均能开花。此外，不同品种的初花期、盛花期、末花期及整个开花过程的长短也不相同。通过观察明确不同植物种及品种的花期和开花规律对于人工杂交具有重要的指导意义。

3. 案例：以菊花和月季为例

（1）菊花的花器官构造和开花习性：菊花为头状花序，一朵或数朵集生于茎的顶端，微有香气，一朵菊花在托盘上有小花 400~900 朵，最多逾 1000 朵。托盘上的外围舌状花为雌性花，具有多种鲜明的颜色；中央筒状花为两性花，多黄绿色；聚药雄蕊 5 枚，柱头二裂，子房下位一室。种子为瘦果。

菊花的头状花序是由外向内逐层开花，每 1~2d 成熟 1~2 圈，可延续 15d 左右，两性花雄蕊散粉后 2~3d 雌蕊柱头才正式展开可授粉，一般从 9：00 开始可延续 2~3d。雄蕊 15：00 散粉最盛，有效期 1~2d。自然情况下一般授粉不良。

（2）月季的花器官构造和开花习性：月季的花由花托、花萼、花冠、雄蕊和雌蕊五部分组成。

花托：生长在花梗上，呈球状、授粉后发育成假果。

花萼：在花的最外轮，共五片，开花后开裂向下翻。

花冠：由 5~9 瓣花瓣组成，呈覆瓦状排列，具有鲜艳的色彩和浓郁的香味。

雄蕊：雄蕊多数 40~90 枚，每枚雄蕊由细长的花丝和顶端膨大的花药组成，花粉呈球形，表面粗糙有利于昆虫传粉。

雌蕊：雌蕊多数 30~70 枚，簇生在花托中央，每枚雌蕊由柱头、花柱和子房三部分组成。雌蕊顶端的膨大部分称为柱头。当花朵开放时柱头分泌黏液，为授粉的可授期，月季的可授期较长，在未授粉的情况下一直保持到花谢为止。

月季杂交的最佳时期为春花期的盛花期。月季春花期的首批花花期持续 5~7d；第二批花因气温较高，开花持续时间缩短到 2~3d。开花的持续时间还因品种而异，人工授粉的具体时间应根据品种特性和气温高低灵活掌握。

一般品种上午进入初放，当花蕾露色后，萼片裂开并向下翻，外轮花瓣有一瓣基本舒展，1~2 瓣未舒展，即含苞欲放时是去雄的最适宜时机。当外轮花瓣基本舒展，并开始卷边或翘角，中轮花瓣的上半部松离蕾体或呈半舒展状态，内轮花瓣仍紧抱花蕊，这时柱头分泌较多的黏液，是人工授粉适宜时机；当花朵盛放时，中轮花瓣也是基本舒张，开如露心，花丝伸长并且弯曲，这是采集花粉的适宜时机。

五、思考题与作业

(1) 描述观察的园林植物的开花习性，并分析异同。

(2) 绘制桃、百合、牡丹、四季秋海棠、蝴蝶兰中任意三种花的雌雄蕊结构。

实验 11
花粉贮藏及生活力测定

一、实验目的

掌握园林植物花粉贮藏的原理与技术；掌握园林植物花粉生活力测定方法。

二、实验原理

遗传育种中，花期不遇给杂交工作造成困难，有的园林植物可通过调整花期解决，有的则不得不进行花粉贮藏，或者从外地寄运花粉。通过花粉贮藏，可以使一些迟开花的园林植物和早开花的园林植物进行杂交，或到较远的地方给母本授粉。花粉贮藏与运输可以打破杂交育种中双亲时间上和空间上的隔离，扩大育种的范围。花粉贮藏的原理在于创造一定的条件，使花粉降低代谢强度，延长花粉寿命。一般在自然条件下，自花授粉植物花粉寿命比常异花、异花授粉植物短。除因遗传性的差异外，花粉寿命的长短还与温度、湿度关系密切。通常高温高湿下花粉呼吸旺盛，会很快失去生命力；而在极干燥的条件下，花粉失去水分，不利于保存。因此应在适宜的条件下贮藏，妥善保存，一般贮藏于低温、干燥、黑暗条件下。近年来，在贮藏花粉方面利用超低温（-196℃液氮或-192℃液态空气）、真空或降低氧分压以及快速冷冻干燥等方法，延长花粉生活力。

为了避免杂交工作的失误，在使用远地寄来的花粉或经过一段时间贮藏的花粉之前，必须对花粉生活力进行鉴定，以便对杂交成果进行分析与研究。通常花粉的形态、酶的活性以及积累淀粉的多少与花粉生活力密切相关，因此可以利用花粉的形态观察、过氧化物酶、脱氢酶的活性高低，淀粉含量以及在人工培养基上花粉管萌发的情况作为确定花粉生活力高低的标准。

三、实验材料与仪器用具等

1. 实验材料

芍药、梅花、牡丹、百合、月季、木槿、萱草等园林植物的花粉。

2. 实验仪器用具

解剖针、毛笔、干燥器、小指形管、标签、标记笔、卡尺、钢卷尺、天平、折光仪、水果刀、枝剪、采果袋、记载表、显微镜、目镜测微尺、载玻片、盖玻片、镊子、流式细胞仪等。

3. 实验试剂

无水氯化钙、卡诺固定液、1%苯胺蓝水溶液、2,3,5-氯化三苯基四唑(TTC)、$Na_2HPO_4 \cdot H_2O$、KH_2PO_4、碘、碘化钾、蔗糖、硼酸、琼脂等。

四、实验方法与步骤

(一)花粉的贮藏

将采集的花粉进行干燥(晾干或放入盛有无水氯化钙的干燥器中干燥),以花粉不相互黏结为度。将干燥的花粉装在指形管中(≤指形管体积的1/5),瓶口塞以纱布,瓶外以标签纪录花粉种类及采集日期,放入0~2℃的冰箱内。

(二)花粉生活力的测定

鉴定花粉生活力的方法有很多,包括直接测定法和间接测定法。

1. 直接测定法

(1)将待测花粉直接授粉:将花粉直接授在同种植物柱头上,做好隔离,然后观察其雌蕊发育。如果胚珠能够正常发育成种子,说明花粉具有生命力。

(2)花粉在柱头上发芽:将花粉直接授到同一种植物的柱头上,做好隔离工作。1~3d后采集已授粉柱头,用卡诺固定液固定;配制1%苯胺蓝水溶液,取出花柱染色24h,撕开花柱置于载玻片上,盖上盖玻片用大拇指压片,显微镜下观察。如果花粉管伸入柱头组织(花粉管染成蓝色),即花粉具有生命力。此法适用于大多数园林植物。

2. 间接测定法

(1)形态观察法:每种植物的花粉都有一定的形态特征,一般把具有正常且饱满状态的花粉作为具有生活力的花粉,把小型的、皱缩的、畸形的花粉作为无生活力的花粉。

具体方法是:首先将花粉置于载玻片上,在显微镜下查看三个视野,要求被检查的花粉粒总数达100粒以上,计算正常花粉粒占总数的比率。此法简便易行但准确性差,通常只用于测定新鲜花粉的生活力。

(2)染色法:

①2,3,5-氯化三苯基四唑(TTC)染色法 称取0.5g TTC溶于100mL磷酸盐缓冲液(100mL蒸馏水中溶解0.832g $Na_2HPO_4 \cdot H_2O$ 和0.273g KH_2PO_4,pH 7.2)中,装入棕色瓶备用。取少量花粉于载玻片上,滴1~2滴0.5%TTC染色液,用镊子搅拌均匀,盖上盖玻

片，于 28～30℃下暗培养 2h 以上(不同园林植物染色时间也不同)，在显微镜下观察 3 个不同的视野，凡被染成红色或玫瑰红的都是有生活力的花粉，黄色或不着色者为没有生活力的花粉(图 11-1A)。

②碘-碘化钾染色法　将花药于载玻片上，加一滴蒸馏水，用镊子将花药捣碎，使花粉粒释放，再加 1～2 滴碘-碘化钾溶液(0.3g 碘+1.3g 碘化钾溶于 100mL 蒸馏水)，盖上盖玻片，在显微镜下观察。凡是被染成蓝色的为活力较强的花粉粒；呈黄褐色的为发育不良的花粉粒(图 11-1B)。观察 3 张片子，每片取 5 个视野，统计花粉的染色率，以染色率表示花粉的育性。

3. 培养基法

(1)配制培养基：15g/L 蔗糖+3mg/L 硼酸+2mg/L $CaCl_2$+0.6g 琼脂，定容至 100mL，加热使琼脂融化呈透明状(注意补充水分，以保持培养基的浓度)。按照该方法，变换蔗糖的浓度，设置 50g/L、100g/L、150g/L、200g/L 四个梯度。

(2)制片：用滴管吸取少量培养基，趁热滴在载玻片的凹槽内，放置片刻，使其凝固。

(3)播种花粉：将少量花粉均匀地撒播在培养基上，注意不可过多，否则难以观察。

(4)培养与观察：将制备好的片子放在垫有湿润滤纸的培养皿内，于 20～22℃的温箱中培养；经过 24h，有的花粉需 3～5d，待花粉萌发后于显微镜下观察并统计萌发率。观察时每片随机取 3 个视野(图 11-1C)，统计花粉总数及萌发数，计算平均萌发率(花粉总数不少于 100 粒)。

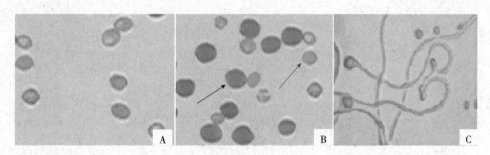

图 11-1　不同方法测定芍药品种'杨妃出浴'花粉生活力(杜广聪，2017)
A. TTC 染色法　B. KI-I2 染色法　C. 培养基法

五、思考题与作业

(1)绘制不同园林植物花粉形态图。
(2)花粉生活力测定结果记载(表 11-1、表 11-2)。

表 11-1 花粉生活力统计表

园林植物	染色的反应	花粉总粒数	各视野的花粉数目				未经染色花粉的颜色	有生活力的花粉百分数
			1	2	3	合 计		
			着色数/总数					

表 11-2 花粉萌发统计表

园林植物	培养基种类及其浓度	花粉播种期	观察期	各视野内花粉萌发数/总数				花粉萌发百分率(%)
				1	2	3	合 计	

实验 12
园林植物有性杂交技术

一、实验目的

理解高等植物有性杂交的原理。了解高等植物授粉、受精等有性杂交知识；掌握高等植物有性杂交技术。

二、实验原理

杂交是基因重组的过程。通过杂交可以把亲本双方控制不同性状的有利基因综合到杂种个体上，使杂种个体不仅具有双亲的优良性状，而且在生长势、抗逆性、生产力等方面超越其亲本，从而获得某些性状都更符合要求的新品种。有性杂交，是杂交育种的一个重要环节，是应用遗传性不同的树种或同一树种的不同类型，在开花的时候，进行人工控制授粉，以获得杂种。

三、实验材料与仪器用具等

1. 实验材料
月季、菊花、百合、杨树等园林植物。

2. 实验仪器用具
硫酸纸套袋、曲别针、毛笔、脱脂棉球、镊子、吸管、标牌、铅笔、(10~15)×放大镜、记录本、枝剪、培养瓶、花粉瓶(指形杯)、干燥器、剪刀。

3. 实验试剂
70%乙醇。

四、实验方法与步骤

(一) 有性杂交步骤

1. 制定育种目标确定杂交组合
根据育种目标的制定原则制定育种目标。将现有品种类型根据目标及所属的分类学地位确定杂交组合。

2. 亲本选择

①选择具有纯正的、典型的品种性状，发育正常、健壮无病虫害，相对性状明显，开花结实正常的优良单株作为杂交亲本。

②杂交母株应选开花结实正常的优良单株，在母株数量较多时，一般不要在路旁或人流来往较多地地方选择，以确保杂交工作的安全。

③杂交母株去雄的花朵以选择健壮花枝中上部和向阳的花为好。每株或每一枝花序保留2~3朵为宜，最好不超过5朵，种子和果实小的可适当地多留一些，其余摘去，以保证杂交后杂种的营养。用镊子将含苞待放的花蕾由外向内层扒开，观察其构造是单性花还是两性花，花瓣着生特点，雄蕊数及着生位置，柱头裂数及着生长状况，以便杂交工作的顺利进行。

3. 花期调整

①杂交时，如果选择的两个亲本存在花期不遇现象，则需调整花期或收集父本花粉贮藏。

②在调整花期前，首先应弄清楚影响植物花期的主导因子，然后采用相应的措施进行调整。

③可通过采取适当的栽培措施，如调节温度、光照或采用植物生长调节剂等手段对植物进行处理，使开花时期满足杂交要求。

4. 母株去雄、套袋

①两性花的品种为防止自交，杂交前需将花蕾中未成熟的花药除去。去雄时，剥开花瓣用镊子夹住花丝，将雄蕊全部除去，同时注意尽量不要碰伤雌蕊。

②去雄过程中，如果工具被花粉污染，须用70%乙醇消毒，去雄后立即套袋隔离以免其他花粉干扰。

③风媒花用纸袋，虫媒花可用细纱布袋。袋子一般两端开口，套上后上端向下卷折，用回形针夹住，下端扎在花枝上，扎口周围最好垫上棉花，防止夹伤花枝。

④对于不需要去雄的母本花朵，也必须套袋，以防外来花粉影响。套袋后挂上标牌，用铅笔注明母本名称、去雄日期、组合编号及操作人。

5. 花粉采集、贮藏

①为了保证父本花粉的纯度，在授粉前应对将要开放的发育良好的花蕾或花序先行套袋隔离(已开放的花朵摘除)，以免掺杂其他花粉。

②待花药成熟散粉时，可直接采摘父本花朵，对母体进行授粉；也可把花朵或花序剪下，于室内阴干后，收集花粉备用。

③对于双亲花期不能相遇或亲本相距较远的植物种类，如果父本先于母本开花，可将父木花粉收集后妥善贮藏或运输，待母本开花时再进行授粉，从而打破杂交育种中双亲时间上和空间上的隔离，扩大杂交育种范围。

6. 授粉

①待母本柱头分泌黏液或发亮时，即可授粉。授粉工具可用毛笔、棉球等，或者用镊子夹住父本已开裂花药的花丝轻轻碰触母本柱头(图 12-1)。

②为确保授粉成功，可重复授粉 2~3 次。授粉工具授完一种花粉后，必须用乙醇消毒，才能授另一种花粉。

③授粉完成后立即封好套袋，并在挂牌上标明父本名称、授粉日期、授粉次数等。数日后如发现柱头萎蔫、子房膨大，便可将套袋除去，以免妨碍果实生长。

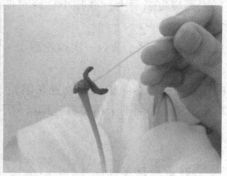

图 12-1　百合授粉过程

7. 杂交后的管理

①授粉 2~3d 后雌蕊柱头萎蔫，子房膨大，授粉成功。去掉套袋，以免妨碍杂交果实的发育和生长。

②杂交后要细心管理，创造良好的、有利于杂种种子发育的条件。

③剪去后生的以及过多的枝叶，有的花灌木要随时摘心、去蘖，以增加杂交种子的饱满度。同时注意观察记录，及时防治病虫和人为伤害。

8. 杂种种子的采收

①由于不同植物、不同品种的种子成熟期有一定差异，须注意适时采种。对于种子细小而又易飞落的植物，或幼果易为鸟兽危害的植物，在种子成熟前用纱布袋套袋隔离。

②杂种种子成熟后，采收时连同挂牌放入牛皮纸袋中，注明收获时期，分别脱粒贮藏。

③收获后，按杂交组合分别脱粒。阴干后，分别装入牛皮纸袋中。注明种子采收日期、杂交组合名称及组合编号，贮存于干燥阴凉处待用。同时注意观察记录，及时防治病虫和人为伤害。

(二)案例：以菊花和月季为例

1. 菊花的杂交技术

(1)母株和花朵的选择：选择健壮植株作亲本，在植株上端选择、分布均匀、生长正常的 3~4 朵花，其余的剪去。将父母本分别放在向阳背风处培育，当边花开放至 5~6 成，心花雄蕊还未散粉时，将外轮边花瓣剪短留 1cm 左右。连续剪 2 次，促使雌蕊外露，便于授粉。

当雄蕊柱头展开呈"Y"形时，为接受花粉的适宜时期，即可进行人工授粉。

(2)去雄、套袋：菊花可不必去雄，但需套袋，当第一次剪去瓣后立即套袋，可用亚硫酸纸或纱布、塑料窗纱做袋，必须注意袋内湿度不能过大以免腐烂。

(3)人工授粉：当母本雌蕊柱头达可授期，于 9：00~11：00 进行人工授粉，可用镊子直接取下雄蕊授在柱头上，也可用镊子取一小粒海绵球蘸花粉涂在柱头上，连续授粉 3~5d，将隔离袋重新套上，并挂小标牌写明父母本名称、花号、授粉日期。授粉后 1 周可摘去纸袋。

(4)授粉后的管理：最后一次授粉后 15~20d，将剩下的花瓣沿基部全部剪去，便于瘦果发育。

授粉后要加强母本养护，应放置在阳光充足，通风良好的环境中，瘦果在 1~2 月后成熟，花托花梗自上而下干枯发黄，即可剪下，阴干 1 周，暴晒 1~2 周即可去掉杂物，收集种子。

2. 月季的杂交技术

(1)母株和花朵的选择：选择生长健壮，发育良好的植株作母本，去雄的花朵应选着生在植株上部或中部的发育正常的花朵，每枝 2~3 朵，其余摘去。

(2)去雄：当花朵含苞待放时于 8：00~10：00 露水干或 15：00~17：00 进行，首先自外向内顺次逐轮剥除全部花瓣，直到雄蕊全部裸露，注意不要损伤柱头。再用尖头镊子，细心地夹除全部雄蕊，注意要夹花丝，不要夹在花药上，防止夹破花药。去雄时务必去除彻底，可用放大镜认真检查。

(3)套袋：去雄后立即套袋，袋顶与柱头的距离不小于 3cm，挂上纸牌标明去雄日期。

(4)父本花朵的处理：选择与母本同时开花或比母本早 1d 开花的花朵，当花朵进入初级阶段，用剪刀剪去花冠的上半部，再用隔离袋把花朵罩好，以防昆虫带入外来花粉。

(5)人工授粉：去雄后第二天上午开始检查柱头，若出现黏液即可进行授粉，同时检查父本花朵的雄蕊，花药是否开裂。

授粉时可直接剪下父本花朵，对准母本柱头轻轻涂抹，也可以用尖头镊子夹下开裂花药撒在柱头上，或用毛笔、棉球、海绵球等工具蘸花粉授在柱头上。

月季的雄蕊比雌蕊发育稍迟，所以父本宜选择比母本花朵早开 1~2d，便于及时授粉。

授粉后仍套上隔离袋，挂上小纸牌，标明父母本名称或杂交组合号码、杂交日期，授粉 1 周后可揭去隔离袋，以后要注意管理，到秋末初冬果实可成熟。

五、思考题与作业

(1)填写杂交记录表(表 12-1)和杂交工作总结表(表 12-2)。
(2)详细记录杂交过程。
(3)分析杂交成功与失败的原因。

（4）如何解决有性杂交过程中父母本花期不遇的问题？

表 12-1 杂交记录表

亲 本		去雄 套袋日期	雌花 开放日期	雄花 开放日期	授粉 日期	去袋 日期	果实 成熟期	果实 数量	种子 数量
母本 及树号	父本 及树号								

表 12-2 杂交工作总结表

杂交组合	授粉花朵数	采收果实数	杂交成功百分率	备 注

实验 13
园林植物种子生活力快速测定

一、实验目的

掌握植物种子生活力检测的基本原理及快速鉴定植物种子生活力的方法。

二、实验原理

种子生活力是指种子的发芽潜在能力和种胚所具有的生命力（通常指一批种子中具有生命力种子数占种子总数的百分率）。种子贮藏过程中必须维持种子的活力，因此定期进行生活力检测是非常重要的。由于常用的发芽率测定法所需的时间较长，对于处于深休眠状态的种子，几乎难于应用。特别是为了应急需要，没有足够的时间来测定种子发芽率，因此有必要构建一套种子生活力快速测定法。目前，植物种子生活力的快速测定法有以下两种。

1. 红墨水染色法

凡是活细胞的原生质膜都具有选择吸收能力，不能透过某些染料，如红墨水中的染料成分不能进入种子胚细胞内部，进而不能将胚组织染色。但是，丧失生活力的种子由于胚部细胞原生质膜丧失选择吸收能力，导致染料能够自由进入细胞内部而将胚组织染色。因此，可以依据种胚是否被染色来判断种子的生活力。在快速测定时，红墨水染色法因容易准备、操作简便、结果可靠经常被采用。

2. 2,3,5-氯化三苯基四氮唑法（TTC 法）

有活力种胚中的脱氢酶可以将 2,3,5-氯化三苯基四唑（TTC，可溶于水）还原成不溶性的红色三苯基甲腙（TTCH，不溶于水）。如果种胚死亡或种胚生活力衰退，则不能染色或染色较浅，因此，可以根据种胚染色的部位或染色的深浅程度来鉴定种子的生活力。

三、实验材料与仪器用具等

1. 实验材料

矮牵牛、牡丹、芍药等园林植物种子。

2. 实验仪器用具

恒温箱、培养皿、烧杯、镊子、刀片、紫外荧光灯、滤纸(无荧光)、琼脂。

3. 实验试剂

沸水、5%红墨水(市售红墨水 5mL 加 95mL 自来水)。

四、实验方法与步骤

1. 红墨水染色法

(1)制备:将待测种子去壳,放进 30℃温水浸种 3～5h,使种子充分吸胀以增强种胚的呼吸强度,待种子充分吸胀后取一部分放入沸水中煮沸 4～5min;同时,制备死种子材料作为对照。

(2)分组:选取浸泡良好的新种子、陈种子、死种子各 90 粒,用单面刀片沿胚部中线纵切为两半,其中一半用于测定,另一半备用。

(3)染色:分别将准备好的半粒种子依次放入培养皿中,每类种子 3 次重复,每次重复包含 30 粒,加入红墨水稀释液,以覆盖种子为宜。

(4)清洗:室温染色 15～20min 后倒出溶液取出种子,用蒸馏水或自来水反复冲洗种子,直至所染红色不再洗出。

(5)染色情况观察:对比观察清洗后新种子、陈种子与死种子的种胚着色情况。凡是胚部不着色或略带浅红色的则为有生活力的种子。若胚部被染成与胚乳相同的红色即为死种子。

2. 2,3,5-氯化三苯基四唑法(TTC 法)

将待测种子在 30～35℃温水中浸种(不同种子时间各异),以增加种胚的呼吸强度,使其迅速显色。取吸胀种子 200 粒,用刀片沿种子胚的中心线纵切为两半,将其中一半置于 30℃恒温箱中 0.5～1h;另一半在沸水中煮 5min 杀死种胚,作为对照。向种子材料中加入 TTC 做染色处理,凡被染为红色的种子是活种子。

五、思考题与作业

(1)将测定结果记录于表 13-1,计算种子生活力大小。

(2)比较两种快速测定方法的结果异同。

表 13-1 种子生活力测定记录表

种子名称 （观赏向日葵）	供试种子数 （粒）	有生活力种子数 （粒）	无生活力种子数 （粒）	有生活力种子占供试种子之比 （%）
新种子	1			
	2			
	3			
陈种子	1			
	2			
	3			
死种子	1			
	2			
	3			

实验 14
园林植物杂交亲本配合力测定分析

一、实验目的

了解配合力概念和测定的基本方法及其在园林植物育种中的作用和意义。掌握半轮配法测定配合力的步骤。

二、实验原理

亲本选择恰当与否是影响杂交育种成败和效率高低的一个关键因素。育种实践表明，亲本与其杂交后代的性状表现并不一定呈现出方向的一致性，即优亲不一定有优组。而作物大多数经济性状又为数量性状，受微效多基因控制，变异呈现出连续性的特点，给其研究和利用带来了困难，也大幅降低了育种效果。因而，若能尽早对亲本及其所配组合进行科学评价和预测，则会显著提高育种效率。

配合力是衡量杂交组合中亲本性状配合能力，判断杂交亲本对 F_1 某种性状控制能力的一项指标。通常，早期的配合力效应与其后期的配合力效应有较高的一致性，因而可对配合力进行早期预测，以作为亲本选配的科学依据。常见的配合力测定方法有 Griffing 的完全双列杂交、不完全双列杂交和部分双列杂交等方法。其中完全双列杂交法又称轮配法，将一组亲本进行全部杂交组合。根据试验内包括组合的类型与多少，完全双列杂交法可分为四种设计方法（表 14-1）。

四种设计方法中每一种设计又分为固定模型和随机模型两类，共有八种统计分析方法。第四种设计方法又称半轮配法，包括的组合数较少，且满足了每一个亲本与其他亲本

表 14-1　Griffing 完全双列杂交法的四种设计方法

序　号	试验内包括的组合类型	组合总数
1	包括所有的杂交组合	P^2
2	包括正交和自交组合	$1/2P(P+1)$
3	正反交组合	$P(P-1)$
4	正交组合	$1/2P(P-1)$

注：设亲本的自交系或品种数为 P。

的配组(但不包括反交和自交),可以进行一般配合力(gca)和特殊配合力(sca)的测定,简便实用,育种实践中常采用。因此,本实验仅介绍此法的固定模型。

三、实验材料与仪器用具

1. 实验材料

花卉或园林树木亲本自交系或品种。

2. 实验仪器用具

镊子、剪刀、硫酸纸袋、标签牌、游标卡尺、直尺、比色卡、计算机及统计分析类软件。

四、实验方法与步骤

设有 P 个亲本,按照半轮配法,则有 $n = P(P-1)/2$ 个组合,若有 10 个自交系,就需配制 45 个组合。所配制的组合按试验设计进行田间试验,将每组合各次重复的结果统计分析和验证,算出平均值,按下式计算一般配合力(gca)和特殊配合力(sca)。

$$gca_j = \frac{X_{i.}}{P-2} - \frac{\sum X_{..}}{P(P-2)}$$

$$sca_{ij} = \bar{X}_{ij} - \frac{X_{i.} + X_{j.}}{P-2} + \frac{\sum X_{..}}{(P-1)(P-2)}$$

式中 $X_{i.}$ ——以 i. 自交系为亲本的所有组合某性状数值之和;

$\quad\quad X_{j.}$ ——以 j. 自交系为亲本的所有组合某性状数值之和;

$\quad\quad \sum X_{..}$ ——该试验全部组合某性状数值总和;

$\quad\quad P$ ——亲本数;

$\quad\quad \bar{X}_{ij}$ ——以 i 为母本 j 为父本所配制 F_1 的某性状数值的评价值。

五、思考题与作业

如何利用配合力分析与测定结果对亲本进行评价?

实验 15
园林植物杂种优势育种
计划制订

一、实验目的

了解杂种优势的概念和应用概况；掌握园林植物杂种优势育种计划的制订方法。

二、实验原理

杂种优势育种是利用生物界普遍存在的杂种优势，选育用于生产的杂种一代新品种的过程。不同品种或系统的园林植物杂交后，杂种第一代往往表现在生长势、株高、冠幅、叶大小、叶数、分枝数、花数、花大小、根系发达程度、花的色彩、成熟期、抗病虫能力、抗不良环境能力等方面超过亲本，这种现象称为杂种优势。杂种优势虽是普遍存在的，但不是任何两个品种杂交都能表现杂种优势，而且即使是同一杂交组合，不同性状表现的优势程度也是不同的。所以杂交一代的父母本要经过严格的选择，互相都要有较多的优点，而且优点很突出。其中又以选择亲缘关系较远的材料作杂交材料更好，因为它们产生的后代生活力更强。另外，最好选择自交不亲和性或雄性不育性的系统作材料，这样可大大节省劳力，降低成本，利于在生产中应用。

三、实验材料与仪器用具

1. 实验材料

金鱼草、紫罗兰、四季秋海棠或矮牵牛品种数个。

2. 实验仪器用具

镊子、剪刀、硫酸纸袋、标签牌、游标卡尺、直尺、比色卡。

四、实验方法与步骤

根据育种目标，选择实验材料中的一种或者几种园林植物的两个不同品种作为亲本，对所选同一种植物的配合力较好亲本进行人工去雄和授粉，完成两个亲本人工杂交实验。待杂交后代开花后，采集亲本和杂种的观赏性状数据，进行杂种优势比较。

获得杂交后代后，测量亲本和杂交后代的观赏性状，包括株型、叶、花、抗性等特征，对其进行比较平价。每组杂交后代应有 10 个以上的重复，每个植株进行编号。具体观察性状如下：

①株形　包括株高、冠长、冠幅、冠形、分枝、植株生长情况等。

②叶的特征　包括叶形、叶长、叶宽、叶片数量、叶色等。

③花的特征　包括花期、花型、花朵直径、花色、花香、开花数量等。

④抗性　包括抗旱性、耐热性、抗旱性、抗病虫害等。

育种计划制订后，要根据不同园林植物的育种目标，计算杂交后代杂种优势的强弱，包括中亲值优势、超亲优势、标准值优势和离中值优势，以确定各组合杂种后代杂交优势。

①中亲值优势（mid-parent heterosis）　以中亲值（某一性状的双亲平均值）作为度量单位，用以度量 F_1 平均值与中亲值之差的度量法。用公式表示如下：

$$H = \frac{F_{1-1/2(P_1+P_2)}}{1/2(P_1+P_2)}$$

按上式，当 F_1 等于中亲值 $MP = 1/2(P_1+P_2)$ 时，$H = 0$，为无优势。这种度量法所得到的 H 值通常都在 $0\sim1$ 范围内，只有当 $F_1 \geqslant 2MP$，$H \geqslant 1$ 时才称为优势。

②超亲优势（over-parent heterosis）　这种度量法是将双亲中较优良这的平均值（Ph）作为度量单位，用以度量 F_1 平均值与高亲平均值之差的度量法。用公式表示如下：

$$H = (F_1 - Ph)/Ph$$

主张运用这种度量法的理由是：如果 F_1 不超过优良亲本，就没有必要用杂种。这种度量法适用于对组合优势的评价，主要决定与某一种性状的情况。如果用这种方法对多种性状进行综述评价，则当选的是将 F_1 中超亲性状最多的组合。但是即使某组合有多个性状超亲，只要一个重要性状很差，就不一定适用于实际生产。

③标准值优势（over-standard heterosis）　是以标准种（生产上现在还应用的最优品种）的平均值（CK）作为度量单位，用以度量 F_1 与标准种数值之差的度量法。用公式表示如下：

$$H = (F_1 - CK)/CK$$

主张这一度量法的理由是：F_1 必须超过标准种才有推广价值。这种度量法的适用范围和缺点，基本上与高亲值优势度量法相似。这种度量法在与一般品种的比较试验中，与对品种性状优势的评价一样，而不是对杂种优势的度量，它不能提供任何与亲本有关的遗传信息。因为即使对同一组合同一性状而言，一旦所用标准种不同，H 值也就不同。

④离中值优势（heterosis from mid-parent value）　以双亲平均之差作为度量单位，用以度量 F_1 和中亲值之差的度量法，用公式表示如下：

$$H = \frac{F_{1-1/2(P_1+P_2)}}{1/2(P_1-P_2)}$$

本公式中已双亲平均之差作为优势度量单位，这种度量法能直接从 H 值读出优势的强度达到某种水平，便于在各种组合和各种性状之间进行单独的或者综合的比较。

五、思考题与作业

比较常规育种和杂交优势育种的优缺点。

实验 16
园林植物单倍体育种技术
（花粉培养诱导单倍体植株）

一、实验目的

了解植物花粉培养诱导单倍体植株的原理；掌握园林植物花粉培养诱导单倍体植株的方法与技术。

二、实验原理

单倍体育种技术主要有花药培养和花粉培养（也称小孢子培养）。其中，花粉培养是指把花粉从花药中分离出来，无需经过任何形式的花药预培养，以单个花粉粒作为外植体进行离体培养的技术。由于花粉是单倍体细胞，诱发它经愈伤组织或胚状体发育成的植株都是单倍体植株。在正常发育情况下，小孢子母细胞经减数分裂形成 4 个单倍体的小孢子（即四分体小孢子），小孢子从四分体释放后，逐渐形成明显的细胞壁，同时体积迅速膨大。随着体积增大，小孢子细胞中的细胞质发生液泡化，细胞核从中央逐渐移到细胞的一侧，形成单核靠边期小孢子。此后小孢子经历 2 次细胞分裂，第 1 次分裂形成 1 个生殖核和 1 个营养核，称为双核期小孢子，此时两核间形成弧形的细胞板，小孢子分裂为 2 个不均等的细胞；第 2 次分裂即生殖核分裂形成 2 个精子，小孢子发育成为具有 1 个营养核和 2 个精核的花粉粒。花粉培养就是通过改变小孢子发育方向，由原来的配子体发育途径转移到孢子体发育途径，使小孢子进行对称分裂，直接发育成胚，最后形成植株。

花粉培养诱导单倍体植株具有以下优势：①排除了母体组织体细胞的干扰，培养获得的植株均是由单倍体小孢子发育来的，避免了嵌合体的发生，染色体加倍后，能获得遗传上纯合稳定的后代；②小孢子均是单细胞，数量多、发育快、易获得、诱导率高、易突变，在自然条件下容易加倍，操作简便，得到的胚状体还可应用于育种实践和遗传分析；③适宜作为单一细胞群体系统的生理生化研究；④易于诱发突变和进行离体简选。

三、实验材料与仪器用具等

1. 实验材料

观赏羽衣甘蓝花蕾。

2. 实验仪器用具

电子天平、高压灭菌锅、超净工作台、组培瓶、玻璃瓶、烧杯、玻璃棒、酒精灯、镊子、接种刀、无菌滤纸、光照培养箱、显微镜、载玻片、盖玻片、尼龙网(孔径为40μm)、离心管、无菌培养皿(直径60mm)、摇床、Parafilm膜、脱脂棉等。

3. 实验试剂

乙醇、无水乙醇、无菌水、B₅液体培养基(蔗糖浓度为13%，pH 5.8，121℃下灭菌25min)、B₅固体培养基(3.0%蔗糖，1.0%琼脂，pH 5.8，121℃下灭菌25min)、NLN-13培养基(蔗糖浓度为13%，pH 5.8，0.45μm滤膜过滤灭菌)、1/2MS生根培养基(3.0%蔗糖，0.7%琼脂，加入0.1mg/L的NAA，pH 5.8，121℃下灭菌25min)、氯化汞、6-BA、NAA等。

四、实验方法与步骤

1. 花蕾采集、处理和消毒

在晴天8：00~10：00采集观赏羽衣甘蓝主花序上的花蕾，放入三角瓶中，并立即置于4℃冰箱中低温预处理24h。筛选表面没有开裂的花蕾，利用显微镜观察并确认此时的小孢子基本处于单核早期或单核靠边期。将筛选出的花蕾先用70%乙醇消毒30s，再用0.1%氯化汞灭菌8min，用无菌水洗涤3次，每次5min。

2. 小孢子的分离纯化和悬浮培养

将消毒后的花蕾放入无菌烧杯中，加入少量B₅液体培养基，用无菌玻棒挤压花蕾，使小孢子游离到液体培养基中。小孢子悬浮液经孔径为40μm的尼龙网过滤到离心管中，在室温条件下1000r/min离心3min。弃上清，用5mL B₅液体培养基洗涤沉淀，振荡混匀，在800r/min下离心3min，重复2次。弃上清，所得沉淀物即为纯净的小孢子。将纯净的小孢子加入NLN-13培养基中，调整小孢子悬浮液密度到$1×10^5~2×10^5$个/mL，分装于直径60mm的无菌培养皿中，每个培养皿中装有小孢子悬浮液5mL，用Parafilm膜封口。

3. 胚状体诱导

将装有小孢子的培养皿放置于33℃高温下进行热激处理24h，而后转至25℃、黑暗条件下静置培养。15d左右后出现肉眼可见的胚状体时，将其转移到摇床上进行60r/min振荡培养。

4. 胚培养和植株再生

诱导出的胚状体，依次经过球形胚、心形胚、鱼雷形胚、子叶形胚。当胚龄为20~30d时，将培养皿从黑暗环境中转入弱光环境，培养1~2d。将转绿的、生长健壮的子叶形胚状体转接到B₅固体培养基上，置于25℃±1℃、光照长度为14h环境下进行培养，诱

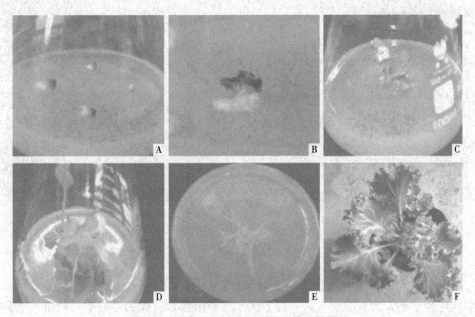

图 16-1　观赏羽衣甘蓝小孢子胚的植株再生
A. 子叶形胚状体　B. 胚状体萌发　C. 胚状体形成芽
D. 再生植株形成　E. 再生植株诱导生根　F. 单倍体植株移栽成活

导胚状体发育形成再生植株。在培养 7~10d 后，大部分子叶形胚状体可分化成绿芽，在 25~30d 待绿芽长出 3~4 片真叶后，将萌发的幼苗转入 1/2MS 生根培养基中来诱导生根，最终形成完整植株(图 16-1)。

5. 培育和移栽

当植株生长至接近瓶口，打开瓶盖炼苗 7d 左右，随后移栽至土中，继续于温室中进行缓苗培养，而后常规管理。

五、思考题与作业

(1)花粉培养诱导单倍体植株的原理是什么？
(2)花粉培养诱导单倍体植株有什么优势？

实验 11
植物多倍体诱发和鉴定

一、实验目的

掌握用秋水仙素诱发多倍性的一般方法。了解植物多倍体的一般形态特征、细胞学特性和鉴定方法。

二、实验原理

细胞中含有三个以上染色体组的生物体称为多倍体。多倍体可以自然发生，也可以人工诱发。人工诱发多倍体的方法很多，但以秋水仙素最为有效。秋水仙素诱发多倍体的机理是由于药物抑制了纺锤丝的形成，使每个染色体复制后，不能向两极分开，同时细胞也不能分裂成两个细胞，便形成多倍体细胞。但经诱变处理的细胞，其染色体是否发生倍数性变异必须经过鉴定才能确定。

三、实验材料与仪器用具等

1. 实验材料
矮牵牛的种子和幼苗。

2. 实验仪器用具
显微镜、测微尺、烧杯、培养皿、刀片、镊子、载玻片、盖玻片、解剖针、纱布、吸水纸。

3. 实验试剂
卡诺氏固定液、醋酸洋红染液、秋水仙素母液（先以少量95%乙醇溶解，再加无离子水配制成1%母液贮存于棕色瓶，置于冰箱中保存备用）。

四、实验方法与步骤

(一) 多倍体的诱发

1. 种子浸渍处理法

①把秋水仙素母液稀释成 1%、0.1% 及 0.01% 三种浓度，各 50mL。

②选取饱满的种子 1000 粒，冲洗干净(或经消毒后)，浸种催芽，处理的种子按 100 粒为一份共 10 份，留 1 份作对照，其余 9 份浸在 3 种不同浓度的秋水仙素溶液内(每种浓度下处理 3 份种子)，分别处理 1d、2d、3d。

③把处理过的种子取出用水充分冲洗后与未处理(对照)的种子在相同条件下播种，并注明树种、处理浓度、处理时间和播种日期。

④注意播后管理，发芽后立即进行观察，并填入表 17-1。

表 17-1　发芽后的观察记录表

溶液浓度 处理天数 播种日期	1% 1d 月　日			0.1% 2d 月　日			0.01% 3d 月　日			CK 月　日			备注
发芽及 生长 情况　　观察 日期	总　数		变异的形态及生长发育特点	总　数		变异的形态及生长发育特点	总　数		变异的形态及生长发育特点	总　数		生长发育情况	
	发芽率(%)	高度(cm)		发芽率(%)	高度(cm)		发芽率(%)	高度(cm)		发芽率(%)	高度(cm)		

2. 幼苗生长点处理法

此法又可分为滴液及浸渍两种方法。

(1) 滴液法：在幼苗生长点的顶端放置脱脂棉球，然后将不同浓度的秋水仙素溶液滴上，处理时间分为 3d、4d、5d，每天滴 3 次，每次 1 滴。处理结束后，用水冲洗几次，注意管理，并经常观察记录，填入表 17-2。

(2) 浸渍法：出土幼苗叶张开时，使其浸渍在秋水仙素溶液中，浸渍时间分为 6h、12h、18h、24h、32h，处理后立即用水冲洗，移植并注意管理记录(表 17-2)。

3. 幼苗茎侧芽的处理

选一年生苗木，用不同浓度秋水仙碱溶液和10%甘油水溶液混合，分别处理其茎基的侧芽。受处理芽，可分为 3d、4d、5d 三种处理时间，每天在每株茎基侧茎上滴 2~3 滴。处理结束后，用清水洗几次，使其正常生长。观察记录内容见表 17-2 所列。

表 17-2　幼苗观察记录表

溶液浓度					备　注
处理天数				对　照	
移植日期					
观察日期		生长及变异情况			

(二) 多倍体的鉴定

1. 直接鉴定

取经处理和未处理的根尖或茎尖材料压片，检查分生组织细胞分裂情况，进行染色体记数。也可用花粉母细胞涂抹制片，进行染色体计数。

2. 间接鉴定

(1) 花粉粒大小的测定：取成熟花药，显微镜下用测微尺测量花粉粒大小。

(2) 气孔大小的测定：固定叶片，撕下下表皮，用龙胆紫染色 1~2min，置于载玻片上，盖上盖玻片，轻轻压平。在显微镜下测量气孔和保卫细胞大小。

(3) 形态观察：观察比较二倍体和多倍体植株花蕾、果实、种子、叶片、茎干等性状，与二倍体比较，若表现出巨大性，则可能是多倍体。

五、思考题与作业

(1) 比较处理植株与对照植珠的异同。

(2) 从发芽率、发芽期生长发育变异情况，找出不同树种处理的最适时期和最有效浓度。

(3) 将鉴定结果填入表 17-3。

表 17-3　植物多倍体鉴定表

植物名称	倍数性	染色体数	花粉粒直径（μm）	单位面积气孔数	气孔保卫细胞		形态变异性
					长（μm）	宽（μm）	

实验 18
园林植物辐射诱变及观察鉴定

一、实验目的

理解辐射诱变的机理；了解 γ 射线源实验室的基本设施、处理方法及注意事项；了解物理因素对植物的诱变作用。

二、实验原理

辐射诱变育种是利用一定剂量的物理射线，对植物的种子、花药、枝条、球茎、愈伤组织等进行照射，使其产生遗传性的变异，并经过人工选择、鉴定，从而培育出新品种的育种方法(徐冠仁，1996)。常用的辐射种类有 X 射线、γ 射线、β 射线、中子、激光、电子束、离子束、紫外线等。各种辐射由于物理性质不同，对生物有机体的作用不一，γ 射线属于核内电磁辐射，波长短(0.001nm)，能量比 X 射线更高，穿透力更强，是目前育种中最常用辐射诱变剂。γ 射线的辐射源一般有 ^{60}Co 和 ^{137}Cs。^{60}Co γ 射线辐射处理的实质是电离辐射引起植物分子激发等，从而对植物的生长发育产生一定的抑制或促进作用。^{137}Cs 辐射源的价格较贵，应用不多。因此，多采用 ^{60}Co 作为辐射源。

辐射诱变主要有外照射、内照射和间接照射等处理方法。外照射是利用射线直接对植物材料进行照射，是应用最普遍、最主要的照射方法。其操作方便，利于集中处理大量材料，没有放射性污染和散射问题，较为安全。处理的植物材料可以是种子、花粉、子房、营养器官和整株植物等。不同植物或同种植物不同组织器官对辐射的敏感性差异很大，因此，事先根据植物辐射敏感性和辐射处理的程度等条件确定植物的适宜的辐射剂量是十分必要的。

植物材料在辐射之后，会在形态、结构、生理生化等方面发生相应的变化，必须借助一定的方法和标准来进行鉴定。鉴定的方法有间接法和直接法两种：间接法主要通过植物的外观形态，如株高、叶的大小、叶色、花果、气孔大小、保卫细胞等指标；直接法是通过染色体数目、结构或 DNA 的分子水平鉴定，来确定是否变异。一般先进行间接鉴定，再进行直接鉴定。

三、实验材料与仪器用具等

1. 实验材料

园林植物(如矮牵牛、非洲凤仙、报春花等)的种子、幼苗或无性繁殖的鳞茎、枝条、块茎等。

2. 实验仪器用具

培养皿、量筒、烧杯、载玻片、盖玻片、显微镜、电子天平、人工气候箱、镊子、记录本、游标卡尺。

3. 实验试剂

苏木精、卡诺固定液。

四、实验方法与步骤

1. 诱变材料选择

诱变处理宜选用综合性状优良而只有个别缺点的种类(品种)。由于材料的遗传背景和对诱变因素的反应不同,出现有益突变的难易而异,因此,诱变处理的种类(品种)要适当多样化。

2. 辐射处理

不同科、属、种及品种的作物具有不同的辐射敏感性。辐射敏感性的大小还与植物的倍性、发育程度、生理状况和不同器官组织等有关。根据诱变因素的特点和作物对诱变因素的敏感性大小,在正确选用处理材料的基础上,选择适宜的诱变剂量是诱变育种取得成效的关键。适宜诱变剂量是指能够最有效地诱变作物产生有益突变的剂量,一般采用半致死剂量。辐射时具体剂量的设置要参考已有相关研究的报道,并在此基础上进行预备实验。

本实验设^{60}Co γ 射线 6 个辐射剂量处理,即 0Gy(对照)、40Gy、60Gy、80Gy、150Gy、200Gy。将实验材料置于不同剂量的^{60}Co γ 射线下进行外照射处理。

3. 培养

处理过的实验材料根据其生长特性,进行精心培养,尽快恢复生长。同时在不同的生长阶段进行细致观察和详细记录。

4. 鉴定

(1)外部形态鉴定:观察处理植株和对照植株在外观形态上有无差异,主要观察植株的生长速度是否缓慢,叶型、叶色、花型、花色有无改变等。

(2)气孔鉴定:取处理植株和对照植株相同部位的叶片,用镊子撕下一块下表皮置于载玻片上，滴少许蒸馏水盖上盖玻片后置于显微镜下进行观察。与对照相比，单位视野内的气孔数、保卫细胞数是否发生明显的增加或减少的现象(取 10 个视野的平均值)。

(3)花粉粒的鉴定：取花粉撒于载玻片上，在显微镜下观测花粉大小。测量 30 粒花粉直径，取其平均值。比较对照植株和处理植株花粉大小差异。

(4)染色体鉴定：选择外观形状有变化的植株，可取茎尖、根尖或芽尖等分裂旺盛的组织或适宜的花蕾作为材料观察染色体的变异。

(5)植株自交、留种：辐射当代(M_1)的变异多属于因辐射而造成的生理性损伤，一般不能遗传。诱发的突变大多数为隐性突变，在 M_1 代一般不能显露，但显性突变能够表现。有些 M_1 植株因部分组织或器官发生变异而表现为嵌合体。因此，要获得真正的变异株，就需要对 M_1 植株自交留种，从后代分离、鉴定有益突变株。

五、思考题与作业

(1)根据实验结果，完成实验报告。

(2)选择一种园林植物，制订一份辐射诱变育种计划。

(3)进行植物辐射诱变时应注意哪些问题?

实验 19
园林植物种质资源遗传多样性分析——AFLP 分子标记技术

一、实验目的

掌握 AFLP 分子标记技术的原理，熟悉其操作方法和实验流程；了解 AFLP 分子标记技术在园林植物种质资源遗传多样性分析中的应用。

二、实验原理

扩增片段长度多态性(amplified fragment length polymorphism，AFLP)是由荷兰科学家 Pieter Vos 等于 1995 年发明的分子标记技术。AFLP 是基于 PCR 技术扩增基因组 DNA 限制性片段。不同物种的基因组 DNA 碱基序列及其大小不同。基因组 DNA 先用限制性内切酶酶切后，产生相对分子质量大小不同的限制性片段。将酶切片段与有共同黏性末端的人工接头连接，连接后的黏性末端序列和接头序列作为 PCR 反应引物的结合位点，通过 PCR 反应对酶切片段进行预扩增和选择性扩增。由于限制性片段太多，全部扩增则产物难以在胶上分开，为此在引物的 3′端加入 1~3 个选择性碱基，用含有选择性碱基的引物对模板 DNA 进行扩增，选择性碱基的种类、数目和顺序决定了扩增片段的特殊性，只有那些限制性位点侧翼的核苷酸与引物的选择性碱基相匹配的限制性片段才可被扩增，从而达到对限制性片段进行选择扩增的目的。最后通过聚丙烯酰胺凝胶电泳，将这些特异性的扩增产物分离开来，根据凝胶上 DNA 指纹的有无来检验多态性。AFLP 实质上是 RFLP 和 RAPD 的结合和发展，样品适用性广，只需要极少量的 DNA 材料，不需要 Southern 杂交，不需要预先知道 DNA 的序列信息，具有可靠性好、重复性强、可信度高等优点，近年来广泛应用于遗传育种研究。

三、实验材料与仪器用具等

1. 实验材料
园林植物种质资源幼嫩组织 DNA。

2. 实验仪器用具

电泳仪、离心机、移液枪、制冰机、EP 管、凝胶成像仪、紫外分光光度计、水浴锅、PCR 仪。

3. 实验试剂

Taq DNA 聚合酶、10×PCR 缓冲液、dNTP、*EcoR* I 内切酶、*Mse* I 内切酶、10×酶切缓冲液、*EcoR* I 接头、*Mse* I 接头、*EcoR* I 引物、*Mse* I 引物、T_4-DNA 连接酶、聚丙烯酰胺、琼脂、Marker、ddH_2O。

四、实验方法与步骤

1. 基因组 DNA 提取

基因组 DNA 提取参照实验 5。

2. 接头和引物设计

AFLP 接头(artificial adapter)一般长 14~18 个碱基对,由一个核心序列(core sequence)和一个酶专化序列(enzyme-specific sequence)组成。常用的多为 *EcoR* I 和 *Mse* I 接头,接头和与接头相邻的酶切片段的碱基序列是引物的结合位点。

AFLP 引物的设计主要由接头的设计决定,一般长度为 16~20 个碱基,包括三部分:5′端的与人工接头序列互补的核心序列(core sequence,CORE),限制性内切酶特定序列(enzyme-specific sequence,ENZ)和 3′端的带有选择性碱基的黏性末端(selective extension,EXT)。

AFLP 接头和引物都是由人工合成的双链核苷酸序列。可采用 premier5.0 软件进行设计。以风信子 AFLP 限制性内切酶接头 *EcoR* I 接头、*Mse* I 接头、*EcoR* I 引物、*Mse* I 引物为例,序列见表 19-1 所列。

表 19-1　AFLP 限制性内切酶接头与引物序列

引物名称	编　码	引物序列(5′–3′)
EcoR I 接头	Ej1	CTCGTAGCTGCGTACC
	Ej2	CATCTGACGCATGGTTAA
Mse I 接头	Mj1	GACGATGAGTCCTGAG
	Mj2	TACTCAGGACTCAT
EcoR I 引物	E1	GACTGCGTACCAATTC
Mse I 引物	M1	GATGAGTCCTGAGTAA

3. 基因组 DNA 酶切和接头连接

双酶切产生的 DNA 片段长度一般小于 500bp,在 AFLP 反应中可被优先扩增,扩增产物可被很好地分离，因此一般多采用稀有切点限制性内切酶与多切点限制性内切酶搭配使用的双酶切。目前常用的两种酶是 4 个识别位点的 *Mse* I 和 6 个识别位点的 *EcoR* L。由这 2 种酶切产生 3 种基因组片段，即 *Mse* I-*Mse* I 片段，*EcoR* I-*EcoR* I 片段，*Mse* I-*EcoR* I 片段，其中 *Mse* I-*EcoR* I 为主要的酶切产物。

（1）酶切与连接反应同步进行。将 96 孔 PCR 板置于冰上，依次加入表 19-2 所列成分。

表 19-2　酶切与连接反应体系

组　分	模板 DNA	*Mse* I/*EcoR* I	*Mse* I/*EcoR* I 接头	10×酶切缓冲液	T₄-DNA 连接酶
用　量	100ng	各 2U	各 50pmol	2μL	6U

（2）补 ddH₂O 至 20μL，轻轻摇匀，离心去除气泡。

（3）反应条件为 37℃保温 5h，8℃保温 4h，4℃过夜。

4. DNA 样品的预扩增

DNA 预扩增是为了充分利用连接产物，同时获得较多扩增产物，为进一步筛选扩增引物提供保障。预扩增引物在设计时选择性碱基通常为 1 个。

（1）将 96 孔 PCR 板置于冰上，依次加入表 19-3 所列成分。

表 19-3　DNA 样品预扩增反应体系

组　分	连接后产物	预扩增引物	dNTP	10×PCR 缓冲液	Taq DNA 聚合酶
用　量	5μL	各 10ng	10nmol	5μL	2.5U

（2）补 ddH₂O 至 50μL，轻轻摇匀，离心去除气泡。

（3）PCR 扩增程序如下：

94℃预变性	2~5min
94℃变性	30s
56℃复性	60s
72℃延伸	60s
72℃	7min
4℃	∞

（35 个循环适用于 94℃变性、56℃复性、72℃延伸三步）

（4）琼脂糖凝胶电泳检测。取 20μL 与扩增产物和 5μL 上样缓冲液混合后，在 0.8%琼脂糖凝胶中检测预扩增效果。

5. DNA 样品选择性扩增

预扩增产物用 0.1×TE 稀释（稀释倍数视预扩增结果而定），−20℃保存。

（1）将 96 孔 PCR 板置于冰上，依次加入表 19-4 所列成分。

表 19-4　DNA 样品选择性扩增反应体系

组　分	稀释后的与扩增产物	*Mse* I/*EcoR* I 引物	dNTP	10×PCR 缓冲液	Taq DNA 聚合酶
用　量	5μL	各 25ng	4nmol	5μL	1U

（2）补 ddH$_2$O 至 20μL，轻轻摇匀，离心去除气泡。

（3）PCR 扩增程序如下：

94℃预变性	2min
94℃变性	30s
65℃复性	30s
72℃延伸	60s

}12 个循环，退火温度每循环降低 0.7℃

94℃变性	30s
56℃复性	30s
72℃延伸	60s

}23 个循环

4℃　　　　　　　　∞

（4）变性聚丙烯酰胺凝胶电泳检测扩增结果。取 1μL 稀释 10 倍的 PCR 产物加入 9μL 的上样液进行电泳检测。

五、思考题与作业

（1）比较同一园林植物不同品种类型在 DNA 水平上的多态性。

（2）设计 AFLP 接头、引物应考虑哪些因素？

（3）选择内切酶、确定酶切时间、进行聚丙烯酰胺凝胶电泳各有哪些注意事项？

实验20
利用SSR分子标记鉴定杂交种子纯度技术

一、实验目的

理解SSR分子标记技术在种子纯度检测上的应用原理；掌握利用SSR分子标记鉴定杂交种子纯度的技术与方法。

二、实验原理

种子纯度鉴定是种子质量保证的关键环节。传统的种子鉴定方法主要有种子形态鉴定法、幼苗鉴定法和田间小区种植鉴定法等，这些方法不仅费时费力，占用土地，而且容易受到环境因素的干扰，使得鉴定结果准确性不高。简单重复序列（simple sequence repeat，SSR），又叫微卫星DNA、短串联重复或简单序列长度多态性，是近年来发展起来的一种DNA分子标记技术，SSR通常是指以2~5个核苷酸为单位多次串联重复的DNA序列，也有少数以1~6个核苷酸为串联重复单位，串联重复次数一般为10~50次。同一类微卫星DNA可分布在基因组的不同位置上，长度一般在100bp以下。微卫星DNA中重复单位的数目存在高度变异，这些变异表现为微卫星数目的整倍数变异或重复单位序列中的序列不完全相同，造成多个位点的多态性，揭示这些变异就能发现不同的SSR在不同的种甚至不同个体间的多态性。由此可以根据SSR序列两端互补序列设计引物，通过PCR反应扩增微卫星片段，由于核心序列串联重复数目不同，因而能够用PCR的方法扩增出不同长度的PCR产物，将扩增产物进行聚丙烯酰胺凝胶电泳，比较扩增带的带型，就可检测不同个体在某个SSR位点上的多态性。SSR分子标记技术对DNA质量要求低，能很好地区分杂交种和亲本条带的差异，因此广泛运用于杂交种子纯度的鉴定。

三、实验材料与仪器用具等

1. 实验材料

园林植物杂交种子及其亲本种子。

2. 实验仪器用具

PCR 仪、垂直板电泳仪、离心机、EP 管、移液枪、恒温培养箱等。

3. 实验试剂

TaqDNA 聚合酶、10×PCR 缓冲液、聚丙烯酰胺、dNTP、MgCl$_2$、引物、ddH$_2$O、0.5%冰醋酸、0.5%硝酸银、显影液等。

四、实验方法与步骤

1. 基因组 DNA 提取

将亲本和杂交种子分别用无菌水浸泡 15min 后，置于湿润的滤纸上，在培养箱 25℃中催芽 2~3d。然后将发芽的种子播种于培养皿中，放在光照培养箱培养 1 周后，参照实验 5 的方法与步骤提取基因组 DNA。

2. 多态性引物筛选

从选择的引物中，利用亲本对所有引物进行特异谱带筛选，筛选出在双亲中表现出差异条带的多态性引物。

(1)将 96 孔 PCR 板置于冰上，不同引物反应体系分别加入表 20-1 所列成分。

表 20-1　不同引物筛选反应体系

组　分	双亲模板 DNA	MgCl$_2$	引物	dNTP	10×PCR 缓冲液	Taq DNA 聚合酶
用　量	20~60ng	15~40nmol	2~8nmol	1~5nmol	5μL	1~5U

(2)补 ddHH$_2$O 至 20μL，轻轻摇匀，离心去除气泡。

(3)PCR 扩增程序如下：

94℃预变性　　　2min
94℃变性　　　　50s
50~65℃复性　　30s ⎫
72℃延伸　　　　90s ⎭ 35 个循环
72℃　　　　　　7min
4℃　　　　　　　∞

(4)在垂直电泳槽上通过 8%变性聚丙烯酰胺凝胶电泳进行检测。首先将电泳玻璃板洗涤干净、晾干，用浸有无水乙醇的纱布将玻璃板擦干净，晾干后将处理好的两块玻璃板对齐扣在一起，装到橡胶套中。然后用 1%的琼脂糖胶封口，凝固 20~30min 后将两对封好的玻璃板装在电泳槽上。再将配制好的 50mL 聚丙烯酰胺凝胶溶液(20%聚丙烯酰胺 20mL，10×TBE 5mL，蒸馏水 25mL，10% APS 500μL，TEMED 50μL)沿凹板上部将胶缓慢灌入两块玻璃板之间，此过程中避免出现气泡，插入梳子后凝固 40~60min。最后在电泳槽的两边及中间均加入 0.5×TBE 电极缓冲液(中间要没过短玻璃板)，拔掉梳子，每个点样孔加入 8μL PCR 扩增产物。160V 电泳 1.5h。

（5）银染检测。电压为 150V 电泳 2h 后，对凝胶进行银染，用 0.5%冰醋酸将核酸固定在凝胶上，加入 0.5%硝酸银，使银离子与核酸牢固结合，加入显影液将银离子还原发生显色反应。选出谱带清晰、特异性高的共显性引物。

3. 双亲及其杂交种 SSR 检测和纯度分析

利用筛选出的引物对杂交种子的纯度进行鉴定。具体方法按照上述步骤 2，同时对双亲和杂交种子进行多态性检测。多态性图谱一般可分为：①双亲互补型，引物在双亲的多态性同时出现在子代，呈互补形式，该种子为真杂交种；②偏父型，引物在父本的多态性传递到子代，而母本的多态性没有出现在子代；③其他型，引物在子代表现出于双亲不一样的扩增条带，出现新的带型。在种子纯度的实际鉴定工作中，最佳的多态性是双亲互补型，可直观地区分双亲和杂交种子。

种子纯度＝真杂交种子数/鉴定种子总数×100%

五、思考题与作业

（1）影响 SSR 分子标记技术鉴定种子纯度的因素有哪些？

（2）SSR 分子标记用于鉴定种子纯度相对于其他分子标记（RAPD）检测效率如何？有哪些优点？

实验 21
农杆菌介导稳定遗传转化及阳性植株鉴定

一、实验目的

了解真核生物的转基因技术及农杆菌介导的转化原理；掌握蘸花法农杆菌遗传转化技术、叶盘法农杆菌遗传转化技术、转基因植株的筛选及结果分析方法。

二、实验原理

农杆菌对双子叶植物的创伤部位侵染广泛，在某些条件下对单子叶植物也有一定的感染性。根癌农杆菌含有 Ti（tumor-inducing plasmid）质粒，Ti 质粒上的 T-DNA（transferred DNA）在 Vir 区（virulence region）基因产物的介导下可以插入到植物基因组中，诱导在宿主植物中瘤状物的形成。因此，将外源目的基因插入 T-DNA 中，借助 Ti 质粒的功能，使目的基因转移进宿主植物中并进一步整合、表达并稳定遗传。

三、实验材料与仪器用具等

1. 实验材料

野生型拟南芥 Columbia（Col-0）、普通烟草'NC89'、携带双元载体的根癌农杆菌 GV3101、双元载体 pCAMBIA1300。

2. 实验仪器用具

智能光照培养箱、28℃培养箱、冷冻离心机、超净工作台、台式离心机、恒温摇床、无菌塑料方皿、高压灭菌锅、紫外分光光度计、pH 计、磁力搅拌器、微量移液器及枪头、100mL 三角瓶、1.5mL 离心管、50mL 离心管、双面板、离心管架、医用透气性胶带、营养土、蛭石、镊子、拟南芥种植小方盒及托盘标签酒精灯、记号笔、打火机、喷壶、剪刀、黑塑料袋等。

3. 实验试剂

构建载体所需酶类、LB 培养基、YEB 固体及液体培养基、MS 培养基、蔗糖、潮霉素（Hyg）、庆大霉素（Gent）、卡那霉素（Kan）、利福平（Rif）、特美汀（Tim）、头孢霉素（Cef）、2-（N-吗啉）乙磺酸（MES）、Silwet L-77 表面活性剂、吐温 20、乙酰丁香酮（AS）、无菌水、无水乙醇等。

四、实验方法与步骤

(一)蘸花法转化拟南芥

1. 无菌苗培养

用 75%的乙醇清洗拟南芥种子 1~2min，无菌水清洗 3 次，再用 2.5%的次氯酸钠、0.1%的吐温 20 混合液对拟南芥种子表面消毒 8~10min，期间不断搅拌，之后用无菌水清洗 4~6 次。最后将消毒好的拟南芥种子均匀地播种在 1/2MS 固体培养基上，用医用透气胶带密封，黑暗 4℃春化 3d，放入光照培养箱内培养（22℃，光照 16h/黑暗 8h，光强 8000lx），长至 2 片真叶时，移栽至培养土（蛭石∶营养土＝3∶2）中，置于人工气候室培养（22℃，光照 16h/黑暗 8h，光强 8000lx），待其生长至花蕾期时备用（图 21-1 A、B）。

2. 拟南芥蘸花转化

(1)无菌条件下，将保存的携带目的质粒的农杆菌，转移到盛有 5mL YEB 培养基的 50mL 离心管中，28℃摇菌 12~16h。

(2)取一瓶无菌的液体 YEB 培养基 100mL，按照活化菌液与液体培养基 YEB 体积比为 1∶100 的比例加入上述活化好的农杆菌，28℃培养液 3~5h，摇菌至 $OD_{600}=0.8~1.5$。摇好的 100mL 菌液分装到两个 50mL 的离心管中，4℃、5000r/min 离心 10min，弃上清液，收集菌体沉淀。

(3)将收集的菌体沉淀置于转化液（1L 1/2MS，蔗糖 50g/L，MES 0.5g/L，SilwetL-77 300μL）中，手摇三角瓶悬浮菌体，菌液浓度控制在 $OD_{600}=0.6~0.7$。

(4)剪掉现蕾期拟南芥盛开的花朵和角果，将花絮部分浸没于农杆菌中 1min，取出植株并用保鲜袋将其包好以保持湿度，至于室温中暗培养 24h。翌日去掉保鲜袋，继续暗培养 24h。继而让其在正常条件下生长 3~4 周，待种子成熟后，收获 T_0 种子（图 21-1C）。

3. T_1 代转基因拟南芥的筛选

将收获的 T_0 种子在干燥器中存放 2 周，然后经过 0.5%的 NaClO 消毒后播种于筛选培养基上(含 30mg/L 潮霉素和 50mg/L 卡那霉素的 MS 培养基平板)（图 21-1D），4℃冷处理 2d，放入 22℃，光强 8000lx、16h 光照/8h 黑暗的培养箱中，培养约 1 周后，根据根的长短和叶子的大小即可区别转基因阳性植株。未转化苗停止生长，而转化苗则正常生长，将转化苗移栽到土壤中以收取 T_1 代种子。

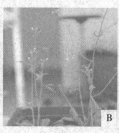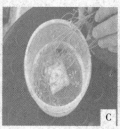

图 21-1   农杆菌遗传转化拟南芥
A、B. 拟南芥无菌苗   C. 蘸花法   D. T_0 代拟南芥种子筛选

4. 转基因阳性株系纯合体筛选

为得到纯合的转基因株系，转化植株要自交三代以上。将 T_1 代种子播种在抗性培养基上，统计转化苗和未转化苗的比例，如果比例为 3∶1 分离，则表示转入的基因可能是单拷贝，然后单株收取这组具有抗性的植株种子为 T_2 代。将 T_2 代种子播下去后，统计分离比，选取不再发生分离的株系单株收种，这些植株所结出的 T_3 代种子即为转基因植株的纯合系。

5. 拟南芥转化阳性植株的分子鉴定与性状分析

利用 PCR 技术从 DNA 水平确定外源质粒是否转入植物体，用实时定量 PCR 和 Northern Blot 的方法在 RNA 水平鉴定目的基因的转录水平，用 Western Blot 的方法鉴定目的基因的蛋白表达水平以及通过表型鉴定确定外源基因所表现的生理功能等。

(二)叶盘法转化烟草

1. 无菌苗培养

将普通烟草'NC89'种子经 75% 乙醇消毒 30s，无菌水洗 3 次后，用 10%(v/v)的 NaClO 消毒 10min，无菌水洗 3 次后，播种于 MS 固体培养基上。待无菌苗长至 4~6 片真叶时(约 40d)，用于下一步的转化(图 21-2A)。

2. 菌液制备

将构建好的载体通过电击法转化农杆菌 GV3101，获得阳性克隆后，挑取单菌落接种于含有 50μg/mL、卡那霉素、50μg/mL 庆大霉素、25μg/mL 利福平的 LB 液体培养基中，28℃ 摇床180r/min 振荡过夜培养。取 100μL 新鲜菌液接种于 50mL LB 液体培养基中扩大培养至菌株生长对数期，然后常温 5000×g 离心 5min。去上清后，向收集的菌体中加入无菌的 MS 液体培养基 10mL 重悬菌体，再次常温 5000×g 离心 3min。去上清后，再次加入无菌的 MS 液体培养基，将菌液浓度调整至 $OD_{600}=0.6$。向调整好浓度的侵染菌液中加入 1mL 200mmol 乙酰丁香酮，使其终浓度为 200μmol/L，暗下静置 2~3h 后用于下一步转化。

3. 转化烟草叶盘

将烟草无菌苗叶片切成 6mm×6mm 方块(也可提前将叶片切好在 MS 固体培养基上预培养 2~3d, 但不预培养的材料转化效率更高), 然后在侵染菌液中摇晃浸泡 10min, 然后吸干叶盘表面的菌液置于共培养基(4.43g MS 粉, 30.0g 蔗糖, 3.0g 琼脂, 1mL 1mg/mL 6-BA, 300μL 1mg/mL NAA)中暗培养 2~3d(图 21-2B)。

4. 脱菌、筛选培养

用含有 200mg/L 特美汀、250mg/L 头孢霉素的脱菌水对共培养后的叶盘进行脱菌。将叶盘放入脱菌水中晃动 15min, 倒掉液体, 然后用无菌水漂洗叶盘 3 次。将叶盘表面水渍吸干后置于筛选培养基(4.43gMS 粉, 30.0g 蔗糖, 3.0g 琼脂, 1mL 1mg/mL 6-BA, 300μL 1mg/mL NAA, 300μL 1mg/mL 潮霉素, 1mL 200mg/L 特美汀, 2.5mL 250mg/L 头孢霉素)上进行筛选培养(图 21-2C)。每两周继代一次。

5. 生根培养

将经过筛选培养获得的不定芽切下, 置于生根培养基(4.43g MS 粉, 30.0g 蔗糖, 3.0g 琼脂, 1mL 1mg/mL 6-BA, 300μL 1mg/mL NAA)上生长, 待根长出, 对组培苗进行炼苗后, 移栽到无菌基质中进行培养(图 21-2D)。

6. 转基因阳性株系鉴定

转化过的烟草阳性苗进行表型鉴定。获得 T_0 代转基因烟草无菌苗后, 先经炼苗后移栽到无菌基质中, 在温室培养, 获得 T_0 代种子(图 21-2E)。T_0 代种子经 75%乙醇消毒 30s 后, 用无菌水洗 3 次, 再用 10%NaClO 消毒 10min, 无菌水洗 3 次后, 播种于含 25mg/L

图 21-2 农杆菌遗传转化烟草流程
A. 烟草无菌苗 B. 共培养 C. 筛选培养 D. 生根培养 E. T_0 代种子筛选 F、G. T_1 代植株

潮霉素的 MS 固体培养基上，待种子发芽、生长至四叶期，选取表型明显的 T_1 代植株经炼苗后移栽至温室(图 21-2F、G)。待 T_1 代植株长大，采集叶片或其他组织利用 PCR 技术从 DNA 水平确定外源质粒是否转入植物体，用实时定量 PCR 和 Northern Blot 的方法在 RNA 水平鉴定目的基因的转录水平，用 Western Blot 的方法鉴定目的基因的蛋白表达水平以及通过表型鉴定确定外源基因所表现的生理功能等。

五、思考题与作业

谈谈拟南芥和烟草遗传转化技术在园林植物基因功能研究中的应用和优势。

实验22
园林植物病毒诱导基因
沉默技术

一、实验目的

了解病毒诱导基因沉默技术的基本方法和原理，初步掌握 VIGS 技术在园林植物中的操作程序。

二、实验原理

病毒诱导基因沉默(virus induced gene silencing，VIGS)是根据植物对 RNA 病毒防御机制发展起来的一种用以表征植物基因功能的基因转录技术。与传统的基因功能分析方法相比，VIGS 能够在侵染植物当代对目标基因进行沉默和功能分析，因此 VIGS 被视为研究植物基因功能的强有力工具。

VIGS 作为基因沉默的特殊形式，是植物抗病毒侵染的一种自然机制。当携带目的 DNA 的病毒载体侵染植物后，在复制与表达过程中通常会形成双链 RNA(double stranded RNA，dsRNA)。dsRNA 作为基因沉默关键激发子，首先在细胞中被特异性核酸内切酶 Dicer 类似物切割成 21~24nt 的小分子干扰 RNA(small interfering RNA，siRNA)。siRNAs 在植物细胞内被进一步扩增，并以单链形式与 agronaute1(AGO1)蛋白等结合形成 RNA 诱导的沉默复合体(RNA-induced silencing complex，RISC)，RISC 特异识别细胞质中的同源 RNA，导致同源 RNA 降解，从而发生基因沉默。目前，很多园林植物的病毒介导基因沉默体系已构建成功，如月季、牡丹、桃等。

三、实验材料与仪器用具等

1. 实验材料
月季'Samantha'的组培苗、VIGS 载体(pTRV1、pTRV2)、根癌农杆菌 GV3101 等。

2. 实验仪器用具
一次性注射器、恒温培养箱、恒温摇床、超净工作台、台式离心机、真空泵等。

3. 实验试剂
构建载体所需酶类、YEB 固体及液体培养基、MES、AS(乙酰丁香酮)、$MgCl_2$ 等。

四、实验方法与步骤

1. 菌液制备

(1)构建带有沉默目的基因的 pTRV2-X 载体，并将其与 pTRV1、pTRV2 分别转入农杆菌 GV3101。

(2)从带有相应抗性的平板上挑取分别转入 3 个载体(pTRV1、pTRV2-X、pTRV2)的农杆菌单菌落，在含有 50mg/L 卡那霉素和 50mg/L 利福平的 5mL YEB 液体培养基中，28℃，250r/min 小量摇培 24h。再以 1∶100 的比例接入 100mL YEB 液体培养基中，28℃，200r/min 大量摇培至菌液 OD_{600} 在 0.8~1.0 时使用。

(3)用现配的侵染液(10mmol/L MES，200mmol/L AS，10mmol/L $MgCl_2$，pH 5.6)重悬菌落沉淀，使其均匀悬浮。

(4)重悬后用侵染液调整菌液浓度，使各个菌液的 OD_{600} 均为 1.0，并置暗处静置 3~6h。

(5)然后将 pTRV2-X 菌液和 pTRV1 菌液、pTRV2-X 菌液和 TRV1 菌液 1∶1混合。

2. 真空渗透法

(1)选取发育良好的月季组培苗分别完全浸没于 pTRV2-X/pTRV1 和 pTRV2/pTRV1 两种菌液中，再真空抽至 0.8atm* 后，保压 5min，缓慢放气 5min，重复抽吸两次。

(2)将抽真空过后的组培苗用清水冲洗 3 次，放置 8℃培养箱培养 2d，然后植于基质中，并用保鲜膜覆盖保湿，再放至培养室中培养。2 周后穿破保鲜膜让植物逐渐适应外界培养环境，再经过 1 周就可以完全摘除保鲜膜，在培养间正常生长。

(3)当被转化的植株在培养间生长 2~3 周，就可以选取新生叶片提取 RNA，以反转录的 cDNA 为模板，通过 PCR 的方法鉴定病毒蛋白 CP 是否表达及目的基因是否沉默。

3. 注射法

(1)将制备好的 VIGS 转化菌液用去针头的注射器从月季叶片背面将菌液注入月季叶片至整个叶片润湿，注射月季苗的所有完全展开叶。

(2)将注射好的月季苗弱光培养 2d 后，置于 22℃±1℃，16h 光照/8h 黑暗条件下的恒温培养箱继续培养，月季苗培养期间浇灌 1 次营养液，得到沉默目标基因的月季植株。

五、思考题与作业

(1)比较两种方法的沉默效率。
(2)谈谈 VIGS 技术的优点及缺点。
(3)分析影响 VIGS 效率的因素有哪些?

---

* 　1atm＝1.01325×10⁵Pa

实验 23
园林植物基因编辑技术

一、实验目的

理解基于 CRISPR/Cas9 系统的基因编辑技术原理；掌握农杆菌侵染植物获得基因组定点突变植株的方法。

二、实验原理

基因编辑技术不仅有利于基因功能的研究，而且对植物的遗传育种具有重大意义。首先发现的锌指核酸酶（zine finger nucleases，ZFNs）和转录激活子样效应因子核酸酶（Transcription activator-like effectors nucleases，TALEN）两项技术在进行 DNA 结合结构域的组装需要较大的成本和复杂的程序，因而未能广泛推广。成簇规律间隔短回文重复序技术（clustered regularly interspaced short palindromic repeats，CRISPR/Cas9）作为第三代基因组编辑技术迅速发展起来，由一类以 Cas9 蛋白及导向 RNA 为核心组分的复合体组成，能够对植物实现非同源性末端接合（non-homologous end joining，NHEJ）介导的单基因敲除、多基因敲除，HR 引起的基因碱基改变以及基因的激活和干扰。与 ZFNs 或 TALEN 技术相比，CRISPR/Cas9 技术具有突变诱导率高、成本低、易于操作及可以多重基因编辑等特点，已成为具有广阔应用前景的作物遗传改良与育种研究的分子操作系统。

三、实验材料与仪器用具等

1. 实验材料

普通烟草 'NC89'；载体：pEASY-T1 Simple Cloning Vector；菌株：Trans1-T1 Phage Resistant Chemically Compentent Cell；根癌农杆菌菌株：GV3101、大肠杆菌 DH5a 感受态细胞。

2. 实验仪器用具

超净工作台、大号尖头镊子、剪刀、手术刀、玻璃培养皿、滤纸、封孔膜、一次性塑料培养基、组培管、无菌离心管。

3. 实验试剂

LB 培养基、卡那霉素(Kan)、乙醇、MS 培养基、NaClO 溶液、无菌水。

四、实验方法与步骤

1. CRISPR/Cas9 载体构建

(1)寻找合适的含有 PAM 位点的靶序列：直接将目标基因序列输入 CRISPR-P 网站 (http://cbi. hzau. edu. cn/cgi-bin/CRISPR)，设计 PAM(protospacer adjacent motif，一般为 NGG)识别 序列，可获得末端含有 PAM 的 DNA 序列。一般 1 个基因挑选 2~3 个候选的靶位点。

(2)候选靶序列的脱靶预测：将候选的靶位点输入 NCBI 数据库进行 BLAST 比对，确保尽可能少的匹配序列。同时对目标序列进行突变实验预测筛选，如果 PAM 识别序列前端 11 个 bp 存在任何一个碱基与基因组 DNA 不匹配，都将导致 Cas9 系统切割失败。筛选到合适的靶序列后，设计引物扩增包含靶序列的 300~500bp 片段，测序检验是否发生靶位点突变。

(3)载体构建：载体构建具体步骤可参考特定植物 Cas9 质粒构建试剂盒说明书，以 VK005-16 载体试剂盒为例说明。

①根据靶序列设计合成正反互补序列 gRNA 引物 oligo。

Target-Sense：5′-TTG-gRNAsense

Target Anti：5′-AAC-gRNAanti

②oligo 二聚体合成 将第一步合成的 oligo 分别稀释到 10μmol/L。按表 23-1 比例混合后，95℃水浴。3min 后，缓慢冷却至室温(25℃)，再 16℃处理 5min。

③oligo 二聚体插入载体 按表 23-2 比例混合体系后，16℃反应 2h。

表 23-1 oligo 二聚体合成体系

反应物	体积(μL)	反应物	体积(μL)
Target-Sense	5	dd H_2O	5
Target-Anti	5	最终体系	25

表 23-2 oligo 二聚体插入载体体系

反应物	体积(μL)	反应物	体积(μL)
Cas9/gRNA Vector	1	Solution2	1
oligo 二聚体	1	ddH_2O	6
Solution1	1	最终体系	10

④转化与阳性克隆检测 取上一步的最终产物 5~10μL 加入刚解冻的 50μL DH5a 感受态细胞中，轻弹混匀，冰浴 30min，42℃热激 90s，冰上静置 2min，然后加入 500μL 无抗 LB 液体培养基，置于 37℃ 恒温摇床中，170r/min，复苏 1h 后涂在含卡那霉素(Kan+)的

平板上。37℃恒温生长数天后，挑选 5 个以上白色菌落摇菌进行测序，剔除假阳性克隆。检测后农杆菌保存于-80℃冰箱中备用。

2. 农杆菌介导的园林植物转基因

（1）获得烟草无菌苗：将普通烟草'NC89'种子经 75%乙醇消毒 30s，无菌水洗 3 次后，用 10%（V/V）的 NaClO 消毒 10min，无菌水洗 3 次后，播种于 MS 固体培养基上，先进行暗培养 48h，再进行光照培养约 7d 可出苗。

（2）菌液制备：首先取 600~700μL 含有目的载体的农杆菌加入 50mL 不含抗生素的 LB 液体培养基中活化。然后再用含有 50mg/L 卡那霉素和 50mg/L 利福平抗生素的 LB 液体培养基摇菌，28℃、225r/min 摇床振荡培养 4h 至 OD_{600} 值为 0.6~0.8，4℃、4000r/min 离心 10min，倒掉上清液，将菌体在 20mL 冰冷的 MS 液体培养基悬浮，备用。

（3）农杆菌侵染烟草：参照实验 21 中的叶盘法转化烟草方法。

五、思考题与作业

（1）根据实验结果，分析不同位点突变类型，并分析影响编辑效率的因素。

（2）比较 CRISPR/Cas9 基因编辑技术与传统转基因技术的异同点。

实验 21
园林植物良种苗木鉴定与检验

一、实验目的

掌握鉴定和检验常见园林花卉苗木的质量标准和主要方法；对常见花卉种苗质量进行评价，了解构成花卉良种苗木的主要性能指标和种苗标准化概念。

二、实验原理

花卉苗木的质量是保证花卉规模化生产以及景观构成的关键要素。花卉良种苗木要求具备良好的遗传品质、栽培品质，表现为种苗发育健壮、抗逆性强、移植成活率高、缓苗快、生长迅速等。对群体使用的花卉苗木来说，还表现为株型整齐、花期抑制、成花均匀。

花卉良种苗木的鉴定与检验包括种苗纯度和种苗质量两方面的鉴定和检验。其中种苗纯度是保证种苗质量的基础。种苗纯度的鉴定可以根据品种的典型特征，从种子亲本来源、接穗、插穗母本来源进行鉴定，还可以通过前文实验中的分子标记技术进行种苗遗传纯度鉴定。一般同批次的种苗品种纯度不能低于95%。种苗质量鉴定的指标又包括苗木的物质指标和性能指标两大部分。物质指标可以利用工具和仪器直接测定，如形态（苗木高度、地径、胸径、叶片数、干茎比、分枝、芽数、根冠比、总根量、分根数、病虫害情况等，视不同植物而定），生理（含水量、干重、鲜重等）等间接反映苗木质量的指标；而性能指标可直接体现苗木质量，是苗木处于特定环境条件下植株的表现情况，主要通过抗逆性指标（耐旱、耐寒、耐盐碱、抗倒伏等）反映出来。此外，根系生长潜力也是优良种苗测定的重要性能指标之一。

三、实验材料与仪器用具等

1. 实验材料

根据本地区园林植物的应用情况，选择苗木资源种类作为实验材料进行鉴定和检验。

2. 实验仪器用具

游标卡尺、卷尺、电子天平、剪刀、烘箱、烧杯、定容瓶、研钵、冰箱、分光光度计、离心机等。

3. 实验试剂

蒽酮试剂、磺基水杨酸、酸性茚三酮、甲苯、三氯乙酸、硫代巴比妥酸、蒸馏水等。

四、实验方法及步骤

(一) 园林植物良种苗木种苗纯度鉴定

木本园林植物的纯度鉴定在跟踪种苗母本来源的基础上，通过枝条皮色、皮孔数量、皮孔大小及形状、叶片形状及大小、叶片锯齿类型、茸毛着生有无及多少、刺的类型及长短、芽体类型等观测。对批量苗木进行抽样时，要注意选择生长健壮正常、具有群体代表性的种苗。抽样量一般为种苗量的 3%～5%。将每株苗木所测定的项目进行列表打分，最后进行汇总。

草本花卉的纯度鉴定根据种苗的叶色、叶片形状、分枝角度、整齐度等进行鉴定，对成花大苗还可以根据花器官的表现进行鉴定。宿根花卉和球根花卉的纯度鉴定通过其生长期地上部的枝叶及花器官特点、球根的皮色、种球的形状及大小、芽体的姿态等指标特征进行鉴定。

(二) 园林植物良种苗木种苗质量鉴定及检验

1. 形态指标测定

苗木形态指标可直接观测，是苗木质量评价的主要方法。选取选择的苗木资源种类观察并记录测定以下指标。

(1) 地上性状指标：

① 苗高　苗木主干基部到顶芽的长度。

② 地径　主干与地面相接处植株的直径。

③ 干径比　茎秆的高度与胸径的比值，比值越小苗木越粗壮。

④ 弱度　苗高与地上部分干重的比值，弱度值越大说明苗木越纤细。

⑤ 分枝数　分生侧枝数量，表示苗木的萌芽率与成枝率的高低，尤其是经摘心培育的苗木，要求分枝要达到一定标准，才能形成优良的商品苗。

⑥ 叶片数　可以表示幼苗生长情况。

⑦ 干重/鲜重　地上部分烘干质量与鲜重比。比值越大，说明苗木碳水化合物的贮藏水平越高，质量越好。

另外，还包括单位面积叶重、分枝粗度、芽数、芽体饱满度等。

(2) 地下性状指标测定：根系结构、主根数及长度、侧根数及长度、须根比例及长度等。

(3) 地上地下混合指标测定：根冠比指地下部分鲜重与地上部分鲜重的比；或 Dickson

质量指数：

$$\text{Dickson 质量指数} = \frac{\text{苗干总干量/g}}{\dfrac{\text{苗高/cm}}{\text{地径/cm}\times10}+\dfrac{\text{地上鲜重/g}}{\text{地下鲜重/g}}}\times100\%$$

2. 生理指标测定

(1)含水量测定：剪取待测园林植物种苗组织(苗干、根系、叶片等)称量鲜重后，将材料放入105℃烘箱中杀青15min，70℃烘干至恒重，称取干重质量。

$$\text{含水量} = \text{鲜重质量} - \text{干重质量}$$

(2)总糖含量：选取待测花卉种苗组织，置于研钵中，研细后，取0.05g加入5mL蒸馏水，煮沸15min，6000r/min取清液，定容至10mL。取0.1mL提取液，加入蒽酮试剂0.5mL，90℃保温15min，620nm波长下测定 OD 值，制作标准曲线，计算总糖含量。

3. 性能指标测定

(1)游离脯氨酸提取：制作标准曲线方法如下：取6支25mL具塞试管，编号。分别向各试管准确加入脯氨酸标准液0mL、0.2mL、0.4mL、0.8mL、1.2mL、1.6mL(浓度为20μg/mL)，再用蒸馏水将体积补至2mL，摇匀，便配成了含量分别为0μg、4μg、8μg、16μg、24μg、32μg脯氨酸的标准系列。然后向各管加入冰醋酸和酸性茚三酮各2mL，摇匀，在沸水浴中加热显色30min，取出后冷却至室温，向各管加入5mL甲苯，充分振荡，以萃取红色产物。避光静置4h以上，待完全分层后，用滴管吸取甲苯层，用分光光度计在520nm波长下测定吸光度，以脯氨酸含量为横坐标，吸光度为纵坐标，绘制标准曲线。

选取待测花卉种苗叶片0.5g，加入5mL 3%磺基水杨酸溶液，再将试管浸入沸水浴中提取15min。然后分别吸取正常对照及不同盐处理下样品的提取液各2mL于试管中，加入冰醋酸和酸性茚三酮各2mL，与脯氨酸标准系列溶液同时加热显色并测定。

最终按下式计算待测样品中脯氨酸的含量：

$$\text{脯氨酸}(\mu g/g) = (C\times V/a)/W$$

式中　C——从标准曲线上查得脯氨酸含量(μg)；

　　　V——提取液总体积(mL)；

　　　a——显色反应时吸取提取液的体积(mL)；

　　　W——样品重量(g)

(2)丙二醛、可溶性糖含量：称取待测花卉种苗叶片1g，加入10%三氯乙酸2mL和少量石英砂，研磨至匀浆，再加8mL三氯乙酸研磨，匀浆在4000r/min离心10min，吸取上清液2mL，加入0.6%硫代巴比妥酸溶液2mL，混匀物于沸水浴上反应15min，冷却后离心。取上清液在波长532nm、600nm和450nm下比色。

$$\text{可溶性糖含量} = 11.71\times OD_{450}$$

$$\text{丙二醛含量} = \frac{6.45(OD_{532}-OD_{600})-0.56\times OD_{450}}{\text{提取液体积}\times\text{组织鲜重}}$$

(3)根系生长潜力：根据断根后新根发生量及长势，进行种苗生长潜力分级评价，是园林植物苗木质量鉴定的重要。

五、思考题与作业

（1）列出所选苗木资源种类的主要识别特征，从质量表现对此类花卉苗木检测结果进行质量等级划分，并给出鉴定标准。

（2）结合形态指标、生理指标及性能指标，分析外在及内部指标的联系及区别，掌握良种苗木鉴定中如何运用外在指标体现内部生理状况进行快速鉴定的方法。

实验 25
园林植物花色观察和花色素测定分析

一、实验目的

掌握园林植物花色观察的方法及常用色泽评价指标；了解花色素测定的原理，掌握花色素提取及其含量测定的方法。

二、实验原理

类黄酮是植物中最重要的色素类群，产生的颜色范围最广，可以从浅黄色到蓝紫色，是众多园林植物花瓣的主要色素。作为类黄酮的主要种类，花色素苷在花色形成中起着不可替代的作用，呈色范围很广，是由花色素在自然状态下与各种糖相结合形成的糖苷，它可以稳定地存在于花瓣等器官中，并呈现出粉、红、紫、蓝、黑等不同颜色。目前已报道的花色苷已有上百种，但它们主要基于六种共同的花色素，即天竺葵色素、矢车菊色素、飞燕草色素、芍药色素、牵牛花色素和锦葵色素。而从花色苷的糖基组成来看，主要是葡萄糖、鼠李糖、木糖、半乳糖和阿拉伯糖，以及由这些单糖构成的均匀或不均匀二糖、三糖，其中以 3-单糖苷、5-双糖苷、3,5-二糖苷和 3,7-二糖苷最常见。

花色素苷是一类水溶性色素，可溶于水、甲醇、乙醇和丙酮，不溶于乙醚和氯仿等有机溶剂。花色素苷的提取液因强烈吸收可见光而区别于其他黄酮类物质，并且在可见光区 500~550nm 处存在一个明显的特征吸收峰，因此可以根据特征吸收峰中最大吸收波长来测定花色素苷含量。矢车菊素-3-O-葡萄糖苷是自然界中非常常见的一种花色素苷，化学性质相对稳定，在花色素苷含量测定中常用作标准品来定量分析。

三、实验材料与仪器用具等

1. 实验材料
芍药(*Paeonia lactiflora*)红色花瓣。

2. 实验仪器用具
英国皇家园艺学会比色卡(Royal Horticultural Society Colour Chart，简称 RHSCC)、便

携式色差仪［RM200QC，爱色丽（上海）色彩科技有限公司］、可见光分光光度计、离心机、电子天平、恒温箱、移液枪、研钵、剪刀、10mL 离心管。

3. 实验试剂

矢车菊素–3–*O*–葡萄糖苷、甲醇、盐酸等。

四、实验方法与步骤

1. 比色卡测定

RHSCC 将花色从黄绿色到紫褐色分为若干个数量级，并将每个数量级又分为 A、B、C、D 四个等级。在自然光照下，将芍药花瓣中间部位与比色卡进行对比，用比对获得的 RHSCC 值来表示花色。

2. 色差仪测定

在自然光照下，首先将色差仪进行校准，再将色差仪对准芍药花瓣中间部位进行测定，可以获得明亮度 L^* 值（0~100 表示从黑到白）、色相 a^* 值（$-a$~$+a$ 表示从绿到红）、色相 b^* 值（$-b$~$+b$ 表示从蓝到黄）、彩度 C^* 值［$C^* = (a^{*2} + b^{*2})^{1/2}$］和色度角 h 值［$h =$ arctan(b^*/a^*)］（图 25-1）。

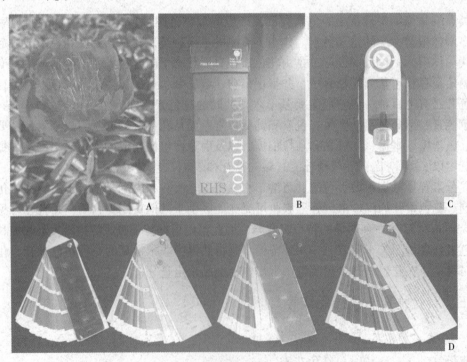

图 25-1　芍药花朵与测定仪器
A. 芍药花朵　B、D. 英国皇家园艺学会比色卡　C. 便携式色差仪

3. 标准曲线的绘制

称取 1.0mg 的矢车菊素-3-O-葡萄糖苷标准品于 10mL 容量瓶中，用 0.8%盐酸-甲醇溶液($V:V$，0.8%：99.2%)进行溶解、定容，得到浓度为 0.1mg/mL 的标准储备液。使用移液枪分别吸取 0.2mL、0.5mL、1.0mL、2.0mL 和 5.0mL 的标准储备液于 10mL 容量瓶中，用 0.8%盐酸-甲醇溶液进行定容，将标准储备液稀释配制成浓度分别为 0.002mg/mL、0.005mg/mL、0.01mg/mL、0.02mg/mL、0.05mg/mL 的矢车菊素-3-O-葡萄糖苷标准溶液，在 530nm 处，使用 1mL 0.8%盐酸-甲醇溶液对可见分光光度计进行调零，并依次测定标准溶液的吸光度值，以标准溶液浓度为横坐标，吸光度值为纵坐标，绘制标准曲线 (图 25-2)。

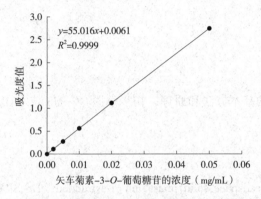

图 25-2　矢车菊素-3-O-葡萄糖苷标准曲线

4. 花色素苷提取与含量计算

用剪刀将芍药花瓣剪碎，并使用液氮研磨至粉末状，称取 1.0g 粉末于 10mL 离心管中，以 0.8%盐酸-甲醇溶液为溶剂进行花色素苷提取，液固比为 6:1(mL/g)，置于 40℃恒温箱中 30min，中间轻轻摇匀 1~2 次。在室温条件下 4000r/min 离心 10min，取 2.5mL 上清液于 50mL 容量瓶中，用 0.8%盐酸-甲醇溶液定容，混匀。在使用 1mL 0.8%盐酸-甲醇溶液对可见分光光度计进行调零后，吸取 1mL 提取液测定其在 530nm 处的吸光度值，代入标准曲线计算，并根据稀释的倍数进行换算，最终获得芍药花瓣中花色素苷含量。如果只需要获得芍药花瓣中花色素苷的相对含量，也可基于在 530nm 处获得的吸光度值以每克鲜重的样品提取液在 530nm 处的吸光度值(OD_{530}/g FW)来表示。

五、思考题与作业

(1)园林植物的常用色泽评价指标及其含义是什么？
(2)芍药花瓣中花色素苷含量为何要在波长 530nm 处测定？

实验 26
园林植物花香成分测定

一、实验目的

了解 GC-MS 技术的基本方法和原理，初步掌握 GC-MS 技术在园林植物香气测定中的操作程序。

二、实验原理

顶空固相微萃取（headspace-solid phase micro-extraction，HS-SPME）是一种较新的、快速、高效、简便的采样方法，无须有机溶剂或者固体吸附剂，由萃取头和手柄组成，该方法能够与气相色谱质谱联用适用于挥发性、半挥发性有机物质检测，检测限可达 10^{-6} 级。

气相色谱分析法（gas chromatography，GC）是色谱法的一种，是利用气体作流动相的色层分离分析方法。质谱法（mass spectrometry，MS）即用电场和磁场将运动的离子（带电荷的原子、分子或分子碎片，有分子离子、同位素离子、碎片离子、重排离子、多电荷离子、亚稳离子、负离子和离子—分子相互作用产生的离子）按其质荷比分离后进行检测的方法。

三、实验材料与仪器用具等

1. 实验材料
百合、蜡梅、梅花、牡丹、菊花等园林植物的花朵。

2. 实验仪器用具
烧杯、萃取头（美国 Supelco 公司）、25mL 顶空进样瓶、铝制瓶盖、硅橡胶热（美国 Thermo Fisher 公司）、Agilent7890A/5795C 气相色谱质谱联用仪（美国）。

3. 实验试剂
标准品月桂酸甲酯（Methyllaurate）（Sigma 公司生产）。

四、实验方法与步骤

1. 百合花朵样品采集

选择大小一致且健康、含有花苞的百合切花花枝，置于盛有去离子水的烧杯中，放入人工气候箱中培养，环境条件为：温度24℃±1℃，相对湿度40%，光照强度150℃±5mol/(m²·s)，光周期设为光照12h、黑暗12h。每天对花枝进行修剪并换水。

在13：00~15：00，选取盛开的完整百合花朵(开花第3~4d，花朵完全张开)，迅速置于20mL顶空进样瓶中，设置空白顶空进样瓶作对照。花香气采集利用固相微萃取法，40℃下，65mPDMS/DVB萃取纤维头(美国Supeleo公司)插入进样瓶顶空萃取30min，然后进样。萃取纤维头首次使用前，须在250℃下老化1h。

2. 香气的感官测定

选取盛开期的5枝百合切花花枝进行香气日变化差异的评定。将花枝置于25℃±1℃室内平衡1h左右，通过6人小组(3男3女，22~50岁)对百合花香进行感官评价。每位成员按照无香(0分)、淡香(1分)、中香(2分)和浓香(3分)对每个样品的花香进行打分，然后对可闻到的百合花香进行简单描述。

3. 花香成分的测定

花香分析采用美国安捷伦公司的Agilent7890A/5795C气相色谱质谱联用仪，色谱柱为HP-5MS(30m×0.25mm×0.25um)石英毛细管柱。GC/MS分析色谱条件为：进样口温度250℃，柱温50℃保持2min，以3℃/min升至180℃，再以15℃/min升至250℃。质谱条件：电离方式EI，电子能量70eV，四级杆温度150℃，离子源温度230℃，接口温度280℃；扫描质量范围30~500amu。

4. 数据分析

百合花香中的不同挥发性组分经气相色谱分离，形成各自的色谱峰，通过NIST(national institute of standards and technology)图谱库检索及相关文献辅助质谱检索定性，确认百合花香中的各种挥发性组分。在顶空萃取前，加入1μL甲醇稀释的月桂酸甲酯(0.87g/mL)作内标，依据各色谱峰的峰面积计算香气各组分的相对释放量(nmol/花)。

香气各组分相对释放量(nmol/花)＝各组分峰面积/内标峰面积内标浓度(mg/mL)×
内标体积(μL)/内标摩尔质量(g/mol)

五、思考题与作业

(1)描述所测定的百合花朵的香气类型。

(2)分析所测定的百合花朵的香气成分及相对释放量。

(3)影响香气测定的因素有哪些?

实验 27
园林植物抗盐性鉴定

一、实验目的

了解园林植物耐盐的生理机制；掌握脯氨酸含量的测定原理和方法。

二、实验原理

自然界中造成盐胁迫的盐分主要是 $NaCl$、Na_2CO_3、Na_2SO_4、$NaHCO_3$ 等，通常情况下这些盐同时存在。当土壤盐分过多时，不仅会破坏土壤结构，还会导致园林植物生长缓慢，叶片变黄、死亡、脱落，严重影响光合作用，有时甚至整株萎蔫死亡。据统计，全世界有 1/3 的灌溉用地受盐害的影响，我国沿海和内陆一些干旱、半干旱地区生长的园林植物，常遭受盐胁迫。目前一些利用地下水灌溉的干旱地区土壤盐渍化正在加重，而保护地盐渍化问题也备受关注。因此，研究园林植物抗盐性，进行其抗盐品种的选育有重大的理论和实践意义。

目前，植物抗盐性鉴定可分为直接鉴定法和间接鉴定法。直接鉴定是对植物在盐逆境条件下所受的直接伤害程度进行抗盐性评价，主要有发芽率、死亡率、田间存活指数、产量以及盐害指标等。间接鉴定是对作物品种生理生化指标的测定和评价，主要的生理生化指标有脯氨酸、细胞质膜透性、脱落酸、渗透调节物质及叶绿素等。从研究现状来看，目前还没有一种能够准确迅速测定植物抗盐性的生理生化指标，只有采用多指标的综合评价，才能准确地反映出园林植物不同种类与品种的抗盐能力。

三、实验材料与仪器用具等

1. 实验材料
矮牵牛等园林植物幼苗。

2. 实验仪器用具
三角瓶、水浴锅、振荡器、电导率仪、剪刀、量筒、烧杯、分光光度计、台式离心机、分析天平、研钵、试管、移液管、容量瓶。

3. 实验试剂

NaCl、次氯酸钠、蔗糖、乙醇、沸石、活性炭、冰醋酸、磷酸、甲苯、脯氨酸、蒽酮、乙酸乙酯、浓硫酸、石英砂、酸性茚三酮试剂、磺基水杨酸。

脯氨酸标准溶液：称取 0.01g 脯氨酸，蒸馏水溶解并定容至 100mL，其浓度为100μg/mL，再量取 10mL 溶液，加入蒸馏水 40mL，即配制成浓度为 20μg/mL 的脯氨酸标准液。

四、实验方法与步骤

1. 矮牵牛盐胁迫处理

对生长健壮的矮牵牛分别用浓度为 0mmol/L、50mmol/L、100mmol/L、200mmol/L NaCl 以浇灌法进行处理，每株浇液 50mL，处理 3d 后观察矮牵牛生长状态，并测定游离脯氨酸含量。每个处理 4 次重复，以蒸馏水为对照。

2. 抗盐性相关指标的测定

（1）形态指标：形态指标主要包括叶片长、叶片宽、株高、冠幅、幼苗的干重和鲜重等。以直尺测量植株叶片长、叶片宽、株高、冠幅，并取植株鲜样称重，记录各处理鲜重，然后将鲜样置于烘箱中，105℃下烘干 2h，80℃下再烘至恒重，称量并记录干重。

（2）脯氨酸测定：通常情况下，抗盐的盐生植物其脯氨酸的含量都较非盐生的植物高，植物组织脯氨酸含量，可以作为一部分植物的抗盐指标，脯氨酸含量高，则抗盐性强；反之则弱。

①游离脯氨酸提取　称取各 0mmol/L、50mmol/L、100mmol/L、200mmol/L NaCl 处理的矮牵牛叶片 0.50g，将称好的样品放入试管中，加入 5mL 3%磺基水杨酸溶液，再将试管浸入沸水浴中提取 15min。

②制作标准曲线　取 6 支 25mL 具塞试管，编号。分别向各试管准确加入脯氨酸标准液 0mL、0.2mL、0.4mL、0.8mL、1.2mL、1.6mL（浓度为 20μg/mL），再用蒸馏水将体积补至 2mL，摇匀，便配成了含量分别为 0μg、4μg、8μg、16μg、24μg、32μg 脯氨酸的标准系列。

③向各管加入冰醋酸和酸性茚三酮各 2mL，摇匀，在沸水浴中加热显色 30min，取出后冷却至室温，向各管加入 5mL 甲苯，充分振荡，以萃取红色产物。避光静置 4h 以上，待完全分层后，用滴管吸取甲苯层，用分光光度计在 520nm 波长下测定吸光度，以脯氨酸含量为横坐标，吸光度为纵坐标，绘制标准曲线。

④分别吸取正常对照及不同盐处理下样品的提取液各 2mL 于试管中，加入冰醋酸和酸性茚三酮各 2mL，与脯氨酸标准系列溶液同时加热显色并测定。

⑤按下式计算待测样品中脯氨酸的含量：

$$脯氨酸（μg/g）=（C×V/a）/W$$

式中　C——从标准曲线上查得脯氨酸含量（μg）；

　　　V——提取液总体积（mL）；

a——显色反应时吸取提取液的体积(mL);

W——样品质量(g)。

（3）质膜透性测定：盐逆境中，植物细胞的质膜透性增加，抗盐性较强的植物细胞膜稳定性较强，质膜透性增加较少，伤害率低，而抗盐性弱的植物则相反。

剪下处理过的叶片，称量1.0g，放入三角瓶中，用碎玻片压住，加入20mL的无离子水，在振荡器上浸泡4h。用DDS-ⅡA型电导率仪先测定浸泡液的电导率值，然后将测定过电导值的各浸泡液放入沸水中煮沸15min，冷却全室温后再测一次总电导率值。重复4次。

$$电解质渗出率=\frac{浸泡液电导率值}{煮沸后电导率值}\times100\%$$

$$伤害率=\frac{处理电导率值-对照电导率值}{处理煮沸后电导率值-对照电导率值}\times100\%$$

电解质渗出率和伤害率越低，说明干旱胁迫下伤害越轻，品种抗旱性越强。

（4）叶绿素含量的测定：称取剪碎混匀的新鲜材料0.2g，加少量石英砂和碳酸钙粉及2～3mL 95%乙醇研成匀浆，再加入乙醇10mL，继续研磨至组织变白。静置3～5min，把提取液倒入漏斗中，过滤到25mL棕色容量瓶中，并用乙醇将滤纸上的叶绿体色素全部洗入容量瓶中，直至滤纸和残渣中无绿色为止。最后定容至25mL摇匀。每个处理重复4次，按下列公式计算各色素浓度。

$$C_a=13.95OD_{666}-6.88OD_{649}$$
$$C_b=24.96OD_{649}-7.32OD_{665}$$
$$C_{x.c}=(1000OD_{470}-2.05C_a-114.8C_b)/245$$
$$叶绿素总浓度=C_a+C_b$$

式中　OD_{665}——提取液在波长665nm下的吸光度；

　　　OD_{649}——提取液在波长649nm下的吸光度；

　　　OD_{470}——提取液在波长470nm下的吸光度；

　　　C_a——叶绿素a的浓度(mg/L)；

　　　C_b——叶绿素b的浓度(mg/L)；

　　　$C_{x.c}$——类胡萝卜素的浓度(mg/L)。

求得色素的浓度后，再按下式计算组织中单位鲜重的各色素的含量：

$$叶绿体色素的含量(mg/g)=\frac{p\times V\times n}{W}$$

式中　p——色素浓度(mg/L)；

　　　V——提取液体积(L)；

　　　n——稀释倍数；

　　　W——样品鲜重(g)。

根据受盐害和未受盐害园林植物叶片叶绿素的比率来判断其抗盐能力的大小，比率越大，植物抗盐能力越弱；反之抗盐能力就越强。

五、思考题与作业

（1）请选择一种园林植物设计不同品种抗盐性比较试验。

（2）简述鉴定园林植物抗盐性的常用方法。

实验 28
园林植物耐热性鉴定

一、实验目的

了解园林植物耐热性鉴定的基本原理；掌握园林植物耐热性鉴定的方法。

二、实验原理

园林植物的耐热性是指园林植物在高温条件下所具有的适应性和抵抗能力，即在高温逆境条件下所具有的伤害最轻、产量下降最少的能力。

目前耐热性鉴定的主要方法有田间自然鉴定法和人工模拟逆境鉴定法。田间自然鉴定法是通过调查不同种类(品种)田间自然高温条件下的生物性状及经济性状的表现，鉴定各种类(品种)的耐热性，从而进行耐热种类(品种)或资源的筛选。这种方法结果可靠但费力，周期长。人工模拟逆境鉴定法是将供试材料种于人工设定的高温条件下，按需要研究不同生育阶段的耐热性，观察其生长及受害情况并加以评价。这种方法具有快捷、可重复性高的特点，但需要一定的设施条件和资金投入，难以大批量地进行。

三、实验材料与仪器用具等

1. 实验材料

欧洲报春花、菊花、矮牵牛等若干幼苗。

2. 实验仪器用具

电导仪、天平、分光光度计、恒温水浴锅、研钵、100mL 小烧杯、容量瓶、大试管、普通试管、移液管、注射器、漏斗、漏斗架、滤纸、打孔器、剪刀等。

3. 实验试剂

酸性茚三酮溶液[将 1.25g 茚三酮溶于 30mL 冰醋酸和 20mL 6mol/L 磷酸中，搅拌加热(70℃)溶解，贮存于冰箱中]、3% 磺基水杨酸(3g 磺基水杨酸加蒸馏水溶解后定容至100mL)、冰醋酸、甲苯。

四、实验方法与步骤

1. 热害指数测定

将培养好的欧洲报春苗在人工光照培养箱进行处理，温度分别设置为 25℃、30℃、35℃、40℃，以 25℃ 为对照，同时参考自然条件(植株放在自然条件)的形态指标及生理指标。每个人工光照培养箱湿度为 75%~80%，光照强度为 4000 lx。光照周期为 12h (明)/12h(暗)，所有处理组光照强度一样，连续处理 3d，每隔 24h 采样一次。

热害分级标准：

0 级：无热害症状；

1 级：1~2 片叶变黄；

2 级：全部叶变黄；

3 级：1~2 片叶萎蔫；

4 级：整株萎蔫枯死。

$$热害指数 = \frac{\sum(各级株数 \times 级数)}{最高级数 \times 总株数} \times 100\%$$

2. 电导率的测定

高温处理后各品种取叶片 6~8 片，用直径为 1cm 的打孔器取样(不取中脉)，称取 0.1g，用去离子水浸洗后，装入含 10mL 去离子水的试管中，置于 48℃ 水浴中处理 6min，处理取出后马上用水冷却，终止高温胁迫，在 20~25℃ 室温下，用电导仪测定电导值 C_1，再煮沸 15min 冷却至室温，测定电导率 C_2。

$$相对电导率 = \frac{C_1}{C_2} \times 100\%$$

3. 脯氨酸含量测定

(1)游离脯氨酸提取：称取各 0mmol/L、50mmol/L、100mmol/L、200mmol/L NaCl 处理的矮牵牛叶片 0.50g，将称好的样品放入试管中，加入 5mL 3% 磺基水杨酸溶液，再将试管浸入沸水浴中提取 15min。

(2)制作标准曲线：取 6 支 25mL 具塞试管，编号。分别向各试管准确加入脯氨酸标准液 0mL、0.2mL、0.4mL、0.8mL、1.2mL、1.6mL(浓度为 20μg/mL)，再用蒸馏水将体积补至 2mL，摇匀，便配成了含量分别为 0μg、4μg、8μg、16μg、24μg、32μg 脯氨酸的标准系列。

(3)向各管加入冰醋酸和酸性茚三酮各 2mL，摇匀，在沸水浴中加热显色 30min，取出后冷却至室温，向各管加入 5mL 甲苯，充分振荡，以萃取红色产物。避光静置 4h 以上，待完全分层后，用滴管吸取甲苯层，用分光光度计在 520nm 波长下测定吸光度，以脯氨酸含量为横坐标，吸光度为纵坐标，绘制标准曲线。

(4)分别吸取正常对照及不同盐处理下样品的提取液各 2mL 于试管中，加入冰醋酸和酸性茚三酮各 2mL，与脯氨酸标准系列溶液同时加热显色并测定。

(5)按下式计算待测样品中脯氨酸的含量：

$$脯氨酸(\mu g/g) = (C \times V/a)/W$$

式中　C——从标准曲线上查得脯氨酸含量(μg)；

　　　V——提取液总体积(mL)；

　　　a——显色反应时吸取提取液的体积(mL)；

　　　W——样品质量(g)。

五、思考题与作业

(1)综合分析各品种耐热性鉴定的各项参数，撰写品种耐热性鉴定报告。

(2)在没有人工气候箱或人工气候室的条件下，如何对园林植物品种进行耐热性鉴定？

实验 29
良种繁育

一、实验目的

了解良种繁育的概念与意义、程序与方法；掌握防止品种退化的方法。

二、实验原理

良种繁育是研究良种在生产中如何复壮或保持其优良品质，以及如何快速大量地繁殖和推广优良品种的科学技术。良种繁育不仅是单纯的种子、种苗繁殖，也是品种选育过程的延续和种子质量标准化的基本保证。良种繁育的任务包括在保证质量的前提下迅速扩大良种数量；保持并不断提高良种种性，恢复已退化的优良品种；保持并不断提高良种的生活力。对于已经退化的良种，需要采取一定措施恢复良种原有特性，从而延长优良品种的适用年限。

三、实验材料与场地

良种种子、良种繁育圃(母本园、砧木母本园、育苗圃)。

四、实验方法与步骤

1. 品种审定

所谓良种，包含两方面的含义，即优良品种和优质种子。要求品种具有良好的遗传特性，综合性状好，熟期适宜，抗性强，符合农业生产的需要或市场的需求。因此，园林植物新品种的培育，需要经过大量艰苦细致的工作。培育成功后，需要对新培育的类型进行栽培比较试验，选出性状优异的品系。最后通过区域试验，测定其在不同地区的适应性和稳定性。良种繁育成功后，需经政府有关部门审查确认后，交付种苗部门繁殖推广应用。

2. 良种繁育程序

(1)建立良种繁育圃：良种繁育圃包括良种母本园、砧木母本园和育苗圃。要求良培条件较好、栽培技术水平较高，以便进行良种的无性或有性繁殖。

(2)良种母本园：母本园能够提供大量良种的接穗、插条或用于实生繁殖的种子。如果条件不允许，也可以对个别优良单株进行特别管理和保护，作为采种母株进行单系繁殖。

(3)砧木母本园：采用嫁接繁殖的良种，砧木应适合并一致，避免砧木差异造成接穗品种种性不同或退化，甚至因亲和性下降造成严重损失。

(4)育苗圃：用于繁育品种纯正和高质量的苗木。高品质育苗圃应满足人工模拟自然条件、计算机控制、有排灌设施、可机械化操作。

3. 加速良种繁育方法

(1)提高种子繁育系数：适当扩大营养面积，增施肥水，使植株营养体充分生长，可使植株生长健壮，提高种子产量；对植株摘心，促使侧枝生长，增加花序数量，提高结实率；提高抗寒性。

(2)提高特化营养繁育器官繁殖系数：利用球茎、块茎分割法、种球增殖法等方法，提高繁殖系数。

(3)提高一般营养繁殖器官繁殖系数：利用植株营养器官(根、茎、叶、腋芽等)，运用人工方法进行繁殖；在温室条件下嫁接、分株、埋条，延长繁殖时间；在原种数量较少的情况下可以利用单芽扦插或芽接；利用茎段、茎尖、腋芽等外植体进行组培快繁。

五、思考题与作业

(1)品种试验有哪些主要内容？
(2)生产原种对良种繁育的意义有哪些？
(3)良种在花卉生产中的作用是什么？
(4)针对我国花卉产业现状，试述你对良种繁育体系及管理制度建立的思考。

实验 30
园林植物品种比较试验设计

一、实验目的

学习品种比较试验的基本方法和设计原理，初步掌握设计方法和要求；掌握数据处理原理及相关软件，对试验结果进行统计分析。

二、实验原理

品种比较试验是新品种选育工作的最后一步，是对所选育的品种作最后的全面评价。对所选品种建立综合评价体系 AHP 模型，对其表型性状进行系统、全面的鉴定，选出综合评价较高的优良新品种，以便进行下一步品种区域试验及生产试验。

三、实验材料与仪器用具

1. 实验材料

供试的 8 个月季品种。

2. 实验仪器用具

卷尺、直尺、比色卡、标签、记录板、统计表、计算机。

四、实验方法与步骤

1. 方法

(1)表型性状的观测方法：对 8 个月季品种的表型性状进行观测测定。采用随机选取样株的方式，观测测定株高、南北冠幅、东西冠幅、花径、花型、花量、花瓣数、花色、花瓣色彩分布、单朵花期共 10 个生物特性指标。每个品种观测株数为 10 株，使用卷尺测量株高、南北冠幅、东西冠幅(植株自然舒张尺寸)和花径(花朵盛开时自然张开的直径)，花瓣和花量调查数量为每个品种 10 朵。

(2)AHP 评价体系构建：根据月季各评价因子之间的相互关系，构建月季的观赏性评价体系，建立评价模型。模型分为 4 个层次，其中 A 层为目标层，即 8 个月季品种观赏性评价体系；C 层为约束层，即影响月季树种评价的主要因子，分解为株形（C_1）、花性状（C_2）、花色（C_3）；P 层为标准层，即具体的评价标准，分解为 10 个指标层，高度（P_1）、南北冠幅（P_2）、东西冠幅（P_3）、花径（P_4）、花量（P_5）、花型（P_6）、花期（P_7）、花瓣数（P_8）、色彩分布（P_9）、颜色（P_{10}）；D 层为最底层，是待评价的月季品种（表 30-1）。

（3）评价方法：参照月季各项评价指标具体的评分标准（表 30-2）和综合评价模型判断矩阵标度方法分值，对月季的 10 个主要影响因子进行综合评价评分（表 30-3）。使用 SPSS 软件，根据评分计算出约束层（C）的 3 个影响因素和标准层（P）的 10 个指标的权重，并得出一致性指标。目前对于观赏性评价没有标准的评判方法，且每个人的观赏水平和目标差异导致评判标准也不一致，因此采取计算平均值来平衡。

表 30-1　月季评价体系构建

目标层	月季品种观赏性综合评价								
约束层	株形（C_1）			花性状（C_2）					花色（C_3）	
标准层	高度 P_1	南北冠幅 P_2	东西冠幅 P_3	花径 P_4	花量 P_5	花型 P_6	花期 P_7	花瓣数 P_8	色彩分布 P_9	颜色 P_{10}
最底层	D_1，D_2，D_3……									

表 30-2　月季各项指标具体评分标准

评分指标	评分值				
	5	4	3	2	1
花　色	色彩丰富鲜艳	色彩较为鲜艳	单一色彩	色彩一般	色彩暗沉，影响观赏
花量（朵）	>35	20~30	10~20	5~10	<5
花瓣数（瓣）	>35	30~35	25~30	20~25	<20 瓣
花　型	瓣多，奇特	重瓣	半重瓣	单瓣	影响观赏
花径（cm）	>15	13~15	9~12	6~9	<5
高度（cm）	>90	70~90	50~70	30~50	<30
南北冠幅（cm）	>50	40~50	30~40	20~30	<20
东西冠幅（cm）	>50	40~50	30~40	20~30	<20
株　型	圆整紧凑，冠幅均衡	株型美观，较圆整	株型一般	株型松散，冠型不对称	株型影响美观
单朵花期（d）	>9	8	7	6	<5

2. 数据分析

（1）判断矩阵检验结果：根据综合评价模型，运用 1-9 比例标度法（表 30-3、表 30-4）建立判断矩阵，计算矩阵最大特征根 $\lambda \max$，按公式 $CI = (\lambda \max - N)/(N-1)$ 求一致性指标

CI，其中，N 为矩阵内因子总数；按公式 $CR=[(\lambda\max-N)/(N-1)]/RI$ 计算一致性比率 CR，其中 RI 查随机一致性表获得。采用方根法求出各指标性状的权重系数(W_i)。若个判断矩阵一致性比率小于0.1，表明矩阵满足层次分析法对一致性的检验要求。

（2）月季观赏性权重分析：根据权重对各约束层及各标准层进行排名。按照下列公式对各性状指标进行标准化处理。

$$X_{ij}(标准)=100X_{ij}原/\sum X_{ij}原$$

式中 X_{ij} 原为评分，对定量指标而言，X_{ij} 原为实测数据均值。将标准化处理后的指标值代入下列公式计算各指标的综合得分：

$$y_i=\sum w_j d_{ij}$$

式中　y_i——第 i 个系统的综合得分；

　　　　w_j——与评价指标 d_{ij} 响应的权重系数。

（3）月季观赏性综合评价结果：根据表 30-2 的评分标准，计算出各影响因子的平均值，依据各因子的平均值与标准层权重之间计算后得出各品种的总评价值（表 30-5）。

表 30-3　综合性评价判断矩阵

判断矩阵																
	A–C			C_1-P				C_2-P						C_3-P		
A	C_1	C_2	C_3	C_1	P_1	P_2	P_3	C_2	P_4	P_5	P_6	P_7	P_8	C_3	P_9	P_{10}
C_1				P_1				P_4						P_9		
C_2				P_2				P_5						P_{10}		
C_3				P_3				P_6								
								P_7								
								P_8								

表 30-4　1–9 比例标度方法表

标　度	含　义	说　明
1	表示两个因素相比，具有同等重要性	对目标的约束相同
3	表示 2 个因素相比，一个因素比另一个因素稍微重要	两因素判断差异不大
5	表示 2 个因素相比，一个因素比另一个因素明显重要	两因素判断差异明显
7	表示 2 个因素相比，一个因素比另一个因素强烈重要	两因素判断差异强烈
9	表示 2 个因素相比，一个因素比另一个因素极端重要	可见范围内最大限度差异
2、1、6、8	上述两相邻判断的中值	用于需要达到妥协的场合
倒　数	因素 i 与 j 比较得判断 a_{ij}，则因素 j 与 i 比较的判断 $a_{ij}=1/a_{ij}$	

表 30-5　综合评价各层次权重评价值

目标层(A)	约束层	权重	排名	标准层(P)	权重	排名
				高度(P_1)		
	株形(C_1)			南北冠幅(P_2)		
				东西冠幅(P_3)		
				花径(P_4)		
月季观赏性评价(A)				花量(P_5)		
	花性状(C_2)			花型(P_6)		
				花期(P_7)		
				花瓣数(P_8)		
	花色(C_3)			色彩分布(P_9)		
				颜色(P_{10})		

五、思考题与作业

（1）不同品种性状的比较对园林植物品种选育有什么价值？

（2）根据不同品种，比较的指标会有什么区别？

（3）影响月季观赏性的主要性状因子是什么？

参考文献

鲍平秋, 2008. 园林植物繁育技术[M]. 北京: 科学出版社.

蔡永萍, 2014. 植物生理学实验指导[M]. 北京: 中国农业大学出版社.

程金水, 刘青林, 2010. 园林植物遗传育种学[M]. 2版. 北京: 中国林业出版社.

戴思兰, 2022. 园林植物育种学[M]. 2版. 北京: 中国林业出版社.

戴思兰, 2010. 园林植物遗传学[M]. 2版. 北京: 中国林业出版社.

杜晓华, 刘会超, 张风娟, 2012. 层次分析法在三色堇观赏性评价中的应用[J]. 东北农业大学学报, 43(10): 166-171.

高俊凤, 2006. 植物生理学实验指导[M]. 北京: 高等教育出版社.

高俊山, 蔡永萍, 2018. 植物生理学实验指导[M]. 北京: 中国农业大学出版社.

葛丽丽, 李伟, 薛俊刚, 等, 2021. 长白山不同海拔蓝靛果忍冬 AFLP 遗传多样性分析[J]. 北方园艺(18): 48-53.

桂敏, 王继华, 2010. 观赏花卉良种繁育技术[M]. 北京: 化学工业出版社.

季孔庶, 2015. 园艺植物遗传育种[M]. 3版. 北京: 高等教育出版社.

姜伟珍, 2017. 紫锥菊核型分析和非整倍体栽培评价[D]. 广州: 华南农业大学.

林柏年, 1994. 园艺植物繁育学[M]. 上海: 上海科学技术出版社.

林莉, 梁庆平, 李体琛, 2017. SSR 标记在玉米杂交种种子纯度鉴定中的应用[J]. 农业科技通讯(3): 18-21.

刘长姣, 郑霞, 熊湘炜, 等, 2019. 分光光度法测定黑米花青素方法的建立[J]. 粮食与油脂, 32(1): 73-77.

刘邻渭, 1998. 食品化学[M]. 北京: 中国农业出版社.

刘倩, 孙国峰, 张金政, 等, 2015. 玉簪属植物花香研究[J]. 中国农业科学, 48(21): 4323-4334.

刘全儒, 魏来, 2017. 种子植物实验及实习[M]. 北京: 北京师范大学出版社.

毛建霏, 付成平, 郭灵安, 2010. 可见分光光度法测定紫甘薯总花青素含量[J]. 食品发酵与科技, 46(2): 101-104.

申书兴, 2010. 园艺植物育种学实验指导[M]. 2版. 北京: 中国农业大学出版社.

宋宪亮, 2016. 作物育种学实验及实习指导[M]. 北京: 中国农业出版社.

唐道城, 2007. 万寿菊小孢子时期鉴定及花药培养研究[D]. 西宁: 青海大学.

王锋, 邓洁红, 谭兴和, 等, 2008. 花色苷及其共色作用研究进展[J]. 食品科学, 29(2): 472-476.

王瑞, 2007. 中国水仙的细胞学观察和六倍体诱导[D]. 厦门: 厦门大学.

王姗姗, 刘小娇, 靳玉龙, 等, 2019. AFLP 在植物种质资源鉴定与遗传多样性分析中的应用[J]. 现代农业科技(4): 26-27, 29.

王小东, 刘晓雯, 王占林, 2021. 8个月季品种在西宁地区的观赏性评价[J]. 现代园艺, 44(19): 59-61.

王幼芳, 李宏庆, 马炜梁, 2014. 植物学实验指导[M]. 北京: 高等教育出版社.

王玉书, 王欢, 范震宇, 等, 2015. 观赏羽衣甘蓝小孢子培养及再生植株倍性变异[J]. 核农学报, 29(6): 1037-1043.

吴建慧, 2006. 园林植物育种学实验原理与技术[M]. 哈尔滨: 东北林业大学出版社.

吴强盛, 2018. 植物生理学实验指导[M]. 北京: 中国农业出版社.

武云鹏，李肯，张若纬，等，2021. 利用 SSR 分子标记技术快速鉴定'津甜 100'甜瓜种子纯度[J]. 中国瓜菜，34(3)：27-30.

杨利民，2017. 野生植物资源学[M]. 北京：中国农业出版社.

杨淑红，朱延林，马永涛，等，2013. 生长季全红杨叶色与色素组成的相关性[J]. 东北林业大学学报，41(7)：63-68.

杨晓红，2004. 园林植物遗传育种学[M]. 北京：气象出版社.

姚家玲，2017. 植物学实验[M]. 北京：高等教育出版社.

张捷，高小珂，2012. 菊科植物单倍体研究进展[J]. 植物研究，32(4)：508-512.

张敏，谈太明，徐长城，等，2013. SSR 分子标记技术在茄子杂交种子纯度鉴定中的应用[J]. 湖北农业科学，52(8)：1959-1962.

张圆圆，齐冬梅，刘辉，等. 2008. 观赏向日葵的花色多样性及其与花青苷的关系[J]. 园艺学报，35(6)：863-868.

张振超，2012. 若干十字花科植物小孢子培养和植株再生及四倍体新种质创制[D]. 杭州：浙江大学.

赵大球，郝召君，陶俊，2015. 理化因子对芍药花色苷呈色的影响[J]. 吉林农业大学学报，37(6)：687-693.

朱颖莹，2020. 水仙根尖细胞的有丝分裂观察[J]. 生物学教学，45(2)：47-48.

周永刚，张冬梅，鲁琳，等，2011. 崇明水仙根尖体细胞染色体的观察和核型分析[J]. 植物资源与环境学报，20(2)：56-62.

邹琦，2000. 植物生理学实验指导[M]. 北京：中国农业出版社.